国家公园和区域发展模式创新丛书

丹霞地貌定量研究方法
——龙虎山案例

任　舫等　著

科学出版社
北　京

内 容 简 介

本书基于作者多年的科学研究、跟踪国际前沿、结合国家在公园建设方面对具有国家代表性的地貌景观的价值评判和保护工作需求，以对龙虎山丹霞地貌成因机理的研究作为典型案例，探讨对丹霞地貌的科学定义和定量研究方法，也为其他地区的丹霞地貌研究提供了量化研究的通用研究对比标尺。本书在对丹霞地貌定义及其成因定性分析的基础上，提出了对丹霞地貌的侵蚀状况进行评价的一种定量方法，并对丹霞地貌的岩性和构造控制进行了验证：利用标准化河长坡降指标（SLK）、面积-高程积分（HI）、面积-高程积分曲线（HC）等无量纲地貌参数以及河流纵剖面P，进行了基于数字高程模型（DEM）和地理信息系统（GIS）的地貌分析，研究了龙虎山地区7条河流的SLK异常与断层的存在呈正相关，与岩石抗侵蚀性的对比呈正相关，反映了构造和岩性对地形形成的控制。这样的研究力图巩固丹霞地貌在地貌类型中的学术地位，也希望从学术角度增强我国江西龙虎山丹霞地貌的国家代表性。

本书可供相关研究者、丹霞地貌自然保护区管理者，以及地貌学研究的相关技术人员及高校师生参考使用。

图书在版编目（CIP）数据

丹霞地貌定量研究方法：龙虎山案例 / 任舫等著. —北京：科学出版社，2022.10

（国家公园和区域发展模式创新丛书）

ISBN 978-7-03-064297-4

Ⅰ. ①丹…　Ⅱ. ①任…　Ⅲ. ①丹霞地貌－研究－鹰潭　Ⅳ. ①P942.563.76

中国版本图书馆CIP数据核字（2019）第301972号

责任编辑：韩　鹏　柴良木 / 责任校对：崔向琳

责任印制：吴兆东 / 封面设计：陈　敬

科学出版社 出版

北京东黄城根北街16号

邮政编码：100717

http://www.sciencep.com

北京厚诚则铭印刷科技有限公司印刷

科学出版社发行　各地新华书店经销

*

2022年10月第　一　版　开本：720 × 1000　1/16

2025年 3 月第三次印刷　印张：10 3/4　插页：2

字数：220 000

定价：142.00 元

（如有印装质量问题，我社负责调换）

本书共同作者简介

潘志新，海南大学旅游学院副教授，地理科学与规划系主任，硕士生导师。博士毕业于中山大学自然地理学专业（师从彭华教授），美国圣路易斯大学（Saint Louis University）公派留学联合培养博士。研究方向：红层与丹霞地貌、国家公园建设与管理、研学旅行。国际地貌学家协会会员，中国地理学会红层与丹霞研究工作组副秘书长，《中国国家地理》杂志专家库成员。担任多个世界地质公园科学顾问。主持1项国家自然科学基金项目——中国西北部干旱区和东南部湿润区丹霞地貌发育机制的对比研究（41761002），主持1项海南省高层次人才项目，主持1项海南省自然科学基金面上项目，主持“美国Zion国家公园和中国丹霞山丹霞地貌对比研究”项目，陕北丹霞地貌特征和发育机制研究项目。以第一作者或通信作者在《地理学报》《地理研究》《地理科学》等核心期刊发表论文10余篇。

何庆成，二级教授、博士生导师、享受国务院政府特殊津贴专家，现任中国地质调查局碳中和首席科学家、世界地质公园网络办公室主任、国际大陆科学钻探（ICDP）委员会执行委员，曾任中国地质科学院副院长、东亚东南亚地球科学计划协调委员会（CCOP）执行局局长、国际地质科学联合会环境地质委员会（IUGS-GEM）副主席。1982年大学毕业开始从事专业技术工作，先后在野外、科研、管理和教学等单位从事水文地质、环境地质、地质遗迹保护和地质公园开发研究、碳封存与地质储能等工作。在60多个国家和地区开展过学习、工作、交流和考察活动。做过多个国际国内项目主持人，发表文章、专著80余篇（部），培养博士、硕士研究生40多名。

序

很高兴为任舫博士撰写的《丹霞地貌定量研究方法——龙虎山案例》一书作序。虽然从来没有去过龙虎山，但我有幸看到了中国各地的一系列其他景观。根据中国学者的说法，这些景观属于同一类别的侵蚀地貌，被认为是丹霞地貌。我是在杰出和高度敬业的中国地貌学家和地质学家的陪伴下访问了这些地方的，包括这本研究专著的作者，以及来自几乎世界各地的外国专家。尽管我们对丹霞是什么以及它如何符合地貌分类系统进行了学术讨论并发表了不同的看法，但毫无疑问，丹霞风景是令人惊叹的、美丽和科学的、引人入胜的。无论是在中国东南部地处潮湿亚热带的浙江、广东和湖南，还是在中国西北方较为干燥的陕西，每次访问丹霞地区，它都能给人留下深刻的印象，并会让人提出一系列研究问题。这也促使我去思考他们在全球范围的比较，如果存在类型相似的地形，会有什么相似之处和不同之处？为什么会出现这种不同？岩石类型是最主要的原因吗？——自从我 2007 年第一次看到浙江省的丹霞地貌以来，这些问题一直伴随着我。

我承认，由于语言障碍的问题，我对中国这种“灿若霞光的红色岩石”积累的知识理解能力非常有限，但矛盾的是，人们对丹霞地貌的理解仍然不够充分。针对丹霞地貌识别和适当命名的多项努力给我留下了深刻的印象，但这一研究方向似乎没有通过对侵蚀景观背后的过程和控制的深入调查来达到平衡。只有在填补这一空白之后，全球对丹霞地貌的广泛认识才是可能的，因为当代世界地貌学的主要目的是增加我们对地球表面变化的方式和原因的理解。因此，任何对丹霞地貌过程进行深入研究并提供地貌和景观的定量数据的研究都是非常受欢迎的，并将填补这一空白。这就是为什么我非常高兴地看到，在过去的几年里，越来越多的丹霞地貌研究被提交到国际期刊，促进了对这个引人入胜的学术话题的讨论。

任舫等人的学术专著是对这一领域的又一重要贡献，因为它脱离了对景物价值的强调及其定性描述，尽可能地用客观的数据收集和科学严谨的透彻分析取而代之。利用数字高程数据对龙虎山地形进行量化和结构框架识别是这项工作的显著特点，支持了结论，使结论更加可信。虽然本书是用中文写的，但我希望它很快会被翻译成英文，并能接触到更广泛的受众，为比较分析提供良好的基础。

我有幸在 2009 年的中国丹霞会议上第一次见到任舫博士。在随后的几年里，我们共同访问了中国其他几个丹霞地貌区，在国际会议上会过面，也在我家乡的砂岩地区会过面，我们能够讨论什么是丹霞，什么不是丹霞。访问中国期间，我一直受到任舫的照顾，从她身上学到了很多，不仅是地貌，还有中国的文化、风俗、历史和当今的发展。我越发感谢自己能有机会翻开这本关于龙虎山的书，我知道这本书不仅在科学上很重要，而且在文化上也很重要，因为其作者是丹霞专家、丹霞大使任舫博士。

皮艾特 · 米根

波兰，弗罗茨瓦夫，2021 年 12 月

Foreword

It is my real pleasure to write the foreword to *Quantitative Techniques for Danxia Landform Research——A Case Study of Longhushan*, written by Dr Ren Fang. Although never visiting Longhushan itself, I had a privilege to see a range of other landscapes across China, which according to the Chinese scholars belong to the same category of erosional landforms, recognized as Danxia Landform. I did so in the company of both eminent and highly dedicated Chinese geomorphologists and geologists, including the first author of this research monograph, as well as foreign experts from nearly all around the globe. Notwithstanding academic discussions we had and diverging opinions about what Danxia is and how it fits classification systems in geomorphology, there was never any doubt that the Danxia scenery is astonishingly beautiful and scientifically intriguing. Each visit to a Danxia site, whether in humid subtropical south-east China in Zhejiang, Guangdong and Hunan provinces, or in the much drier north of the country, in Shaanxi Province, left lasting impressions and opened a whole range of research questions. It also prompted me to think about global comparisons. Where analogous types of relief exist, what are similarities and differences, and why they occur?Does the rock type matter most? ——these questions are with me since my first look at Danxia topography in Zhejiang province in 2007.

What I noted, admitting my very limited abilities to comprehend the accumulated knowledge about "glowing red rocks" in China because of language barrier, is that the Danxia relief was, paradoxically, still insufficiently understood. I was impressed by multiple efforts directed at landform recognition and adequate naming, but this line of research seemed not balanced by in-depth investigation of processes and controls behind the erosional scenery. Until this gap is filled, global recognition of Danxia Landform will be probably hardly possible as the contemporary world geomorphology aims primarily to increase our understanding of how and why the earth surface changes. Therefore, any studies of Danxia topographies that look closer into the geomorphic processes and provide quantitative data about landforms and landscapes, are more than welcome and will bridge this gap. This is why I was most pleased to see that in the last few years more and more studies of Danxia relief were submitted to international journals, fostering academic discussion of this fascinating topic.

The scholarly monograph by Ren Fang is another important contribution to this field, as she departed from qualitative descriptions and emphasis of scenery values, replacing them as far as possible by objective data collection and thorough analysis with applying scientific rigour. Quantification of Longhushan topography using digital elevation data and recognition of structural framework are the distinctive characteristics of this work, supporting conclusions and making them more credible. Although the presented volume is written in Chinese, I hope it will soon be translated into English and will reach an ever wider audience, providing a good basis for comparative analysis.

I had the pleasure to meet Dr. Ren Fang for the first time at one Danxia conference in China, in the year 2009. After that, in the subsequent years we jointly visited several other Danxia terrains in China, met at international conferences and also in the sandstone areas of my home country, where we were able to discuss what is and what is not Danxia. Visiting China, I was always looked after by Ren Fang extremely well and learnt a lot from her, not only about geomorphology, but also about the Chinese culture, custom, history and the present-day developments. I am grateful for this opportunity to open the book about Longhushan, which I know is important not only scientifically but also culturally, written by such a skilful expert and enthusiastic ambassador of Danxia, Dr. Ren Fang.

Piotr Migoń

Wrocław, Poland, December 2021

前　言

在地貌学的发展史上，由中国学者创造的概念不多，丹霞地貌（Danxia Landform）是其中之一。2019 年正是地质学家陈国达正式提出“丹霞地形”[①]概念 80 周年，标志着丹霞地貌已从概念提出到正式作为学术研究方向。本书既是作者对丹霞地貌的研究总结，也是对这个“中国概念”和中国地质学家、地貌学家的致敬。

丹霞地貌形态绮丽、成因有特色、在中国广布，这使其不管从科研而言还是从形成有国家代表性的地质景观而言都极为重要。2010 年，“中国丹霞”被列为世界自然遗产，但“申遗”过程较曲折，丹霞地貌的科学概念也并没有在国际学术界获得高度认同，这使得遗产地名称只以“中国丹霞”景观命名而非作为地貌类型纳入“世界自然遗产名录”。从研究角度看，究竟什么是丹霞地貌，至今在地学界还是众说纷纭，在形成丹霞地貌的岩石性质、岩层年代与岩相、成景动力、成景时间，甚至地貌形态与岩石颜色上都存在原则性的争论，没有一个确定的定义，更没有一个可遵循的地貌命名标准。而从实践角度看，各地、各方面对丹霞地貌的理解和应用更是几无章法，似乎人人都是可随意定名的丹霞地貌专家，全国全球无处无丹霞，“中国丹霞”在国际学术界立足因此更加困难。尽管国际地貌学家协会（IAG）在中国学者呼吁之下，早就成立了红层与丹霞地貌工作小组（Red Beds and Danxia Geomorphology Working Group），但丹霞地貌的科学界定和地貌发育过程研究仍然不足。在中共中央办公厅、国务院办公厅于 2019 年 6 月发布《关于建立以国家公园为主体的自然保护地体系的指导意见》以来，中国开始整合包括地质公园在内的自然保护地体系，而丹霞地貌在国家地质公园中是具有支柱意义的资源类型。在这种情况下，按国际学术规范研究丹霞地貌不仅必要而且紧迫。本书即为这方面的一个尝试，力图从丹霞地貌在地质学上的重要性和国家代表性入手，回答这个概念在国际学术界立足必须回答的若干问题，且从典型案例深化到了国际地貌研究中认可度高的地貌形态定量研究、地貌因子量化研究层面。

---

① 1928 年，冯景兰等将构成丹霞山的红色地层及粤北相应地层命名为“丹霞层”。1938 年陈国达首次提出“丹霞山地形”的概念。1939 年陈国达正式使用“丹霞地形”这一分类学名词，以后丹霞地形（地貌）的概念便被沿用下来。因此在本书中，这样界定这四个概念：“丹霞”是一种红色砂岩地貌景观；“丹霞层”指在丹霞山命名的类似红色砂砾岩地层；“丹霞地形”即首次在丹霞山命名的红层景观，出现在早期丹霞地貌文献中；后期文献中以“丹霞地貌”来描述此类红层景观，根据学者的探讨，丹霞地貌即以陆相为主（可能包含非陆相夹层）的红层（不限制红层年代）发育的具有陡崖坡的地貌。目前该定义被大多数学者接受，也可表述为“以陡崖坡为特征的红层地貌”（彭华，2009）。

一、丹霞地貌在地质学上的重要性和国家代表性

丹霞地貌研究起源于中国广东省的丹霞山。在地貌学层面上，可以这样的描述给丹霞地貌定义：丹霞地貌是一种形成于西太平洋活性大陆边缘断陷盆地极厚沉积物上的地貌景观。它主要由红色砂岩和砾岩组成，反映了一个干热气候条件下的氧化陆相湖盆沉积环境。这些沉积层经历了区域地壳抬升、剧烈的断裂、流水的深度切割侵蚀、块体运动、风化和溶蚀作用，塑造了群峰、崖壁以及峡谷等有着极大景观美的绝妙景观。从形成丹霞地貌的红层沉积的时间范畴来看，目前国内研究比较多的中国东南部丹霞地貌发育的红层盆地，都是中生代炎热干燥气候条件下的内陆盆地红色陆相建造。尤其是从白垩纪开始，这些盆地逐渐接受了附近物源区冲刷的巨厚的红色碎屑沉积物，这些以河流或者冲洪积相沉积的红色砂砾岩，也在空间上影响后期丹霞地貌的空间发育分异，为丹霞地貌的发育提供了空间和物质基础。新构造运动产生的不均匀抬升、构造裂隙等，为丹霞地貌的发育奠定了宏观构造基础。

到目前为止，根据野外调查，在中国已发现丹霞地貌 780 多处，广泛分布在热带、亚热带湿润区、温带湿润-半湿润区、半干旱-干旱区和青藏高原高寒区。中国的丹霞地貌唯美、类型全，也具有明显的全球代表性和世界级的保护价值。

（1）丹霞地貌唯美。许多中国丹霞地貌区已经成为各级地质公园，并通过联合国教科文组织认定为世界地质公园、世界自然遗产地后产生着全球影响，诠释了美丽中国。

（2）中国丹霞地貌类型全。按照前期研究，丹霞地貌系列从侵蚀过程发育的不同阶段，可以分成从地貌不太显著，下切不太发育的青年期，到迷宫般的峰群和峡谷发育较好的壮年期，到以大范围低地和广泛河流体系围绕的孤峰为特征的老年期的系列侵蚀阶段。作为世界遗产的中国丹霞，把这几个阶段进行了全貌性的展示。中国的丹霞也是世界红层的代表：红层广泛分布在除南极洲之外的各大洲，发育了与中国丹霞地貌相同或相似的地貌类型（国外一般称为红层或者砂岩地貌），丹霞地貌是一个具有全球意义的特殊自然地理现象和岩石地貌类型。中国丹霞地貌的类型足以全面反映全球这种红层地貌类型。

二、丹霞地貌既有学术研究的不足及其影响

虽然丹霞地貌作为地貌术语在中国被广泛接受，且近些年来国内以“丹霞地貌”为宣传主题的旅游目的地也越来越多，但国际学术界对丹霞地貌认知度不高，很大一部分原因在于对丹霞地貌的地貌定量研究不足，国际对比不够，尤其是对

丹霞地貌的成因机制以及形成的丹霞地貌的演化模式定量研究不够，丹霞地貌还难以从红层地貌或者岩石地貌中彰显其特殊价值。在2010年中国以丹霞地貌申报系列世界自然遗产时，联合国教科文组织以“中国丹霞”作为遗产地名称接受了申请，即将其视为一种景观，原因就是缺乏定量的地貌成因模式研究成果，并且对“红色”这一诗意的元素在定义地貌类型上提出质疑，这也让起源于中国的丹霞地貌，暂时没有在国际上获得同行的广泛认可。

地貌分类，一般采用形态成因原则。如美国W.M.戴维斯在1884年和1899年提出按构造、营力和时间形成地貌的三要素进行分类；1929年苏联的K.K.马尔科夫提出按地形发育的3个基本要素（形态、成因和年龄），划分出侵蚀-大地构造地形、构造地形、刻蚀或侵蚀地形和堆积地形等类型。这些地貌的分类标准，都基于对定量的形态研究或者地貌成因过程研究，在国际地貌学家协会（IAG）对地貌的分类中，丹霞地貌在全球地貌分类中也尚未成为一个独立的、被全球学者广泛认可的地貌类型。在丹霞地貌发育过程的定量研究上，尚为薄弱，尤其对于丹霞地貌形成机理和地貌发育过程模式的研究不足，由此造成了丹霞地貌定义上的模糊，尤其是丹霞地貌与彩丘、丹霞地貌与砂岩地貌的区别一直成为困扰丹霞地貌研究广泛被全球学术界同行认可并接受的瓶颈。在这个背景之下，2009年，通过Pitor Migoń、Michele Crozier、彭华教授等中外学者的共同倡导，国际地貌学家协会在2009年7月第七届国际地貌学大会上批准成立了“国际地貌学家协会丹霞地貌工作组”，这才标志着丹霞地貌研究真正走上国际舞台。该工作组的一个重要任务是倡议更多学者研究丹霞地貌的成因机理，加强定量研究工作，并弄清楚丹霞地貌与类似地貌（如砂岩地貌、红层劣地）之间的区别，这也是许多同行一直以来质疑的科学问题，以及推动全球丹霞地貌的研究与对比。要进行对比，就必须定量研究清楚丹霞地貌的成因机理，地貌发育过程以及控制因素，在国内各个丹霞地貌区之间开展对比，在国际类似地貌之间开展对比。

中国学者对丹霞地貌走向世界的贡献，无可辩驳，虽然我们的研究在目前并没有做到无懈可击，但本书是作者这十余年来一直在这一领域孜孜以求的“初心”和力图实现的研究创新。

三、本书在学术上的创新性和主要结论

丹霞地貌要获得国际地学界的高度认可，有三个问题必须回答：①形成丹霞地貌的形态特征的地表过程是什么？②丹霞与其地貌发育过程是否有特征指标量化指示的区别？③丹霞地貌与其他类似地貌的区别是什么，尤其是红层与砂岩地貌的区别是什么？

围绕这三个问题，本书进行了如下研究。

（1）中国丹霞系列遗产主要分布在中国东南部，都属于亚热带季风湿润气候地区，形成丹霞地貌的岩石年龄都在中晚白垩纪，都是沉积在盆地的陆相碎屑岩与红层，后期受到新构造运动以来的裂隙系统切割。作为本研究案例点的江西龙虎山，是世界遗产“中国丹霞”的成员之一，其丹霞地貌是地貌发育的老年期代表，龙虎山所在的信江盆地，早白垩世火山活动、晚白垩世膏盐沉积和风沙堆积以及恐龙灾变等重大地质事件，记录了该地区重要地质演化；突出的侵蚀残余峰丛、峰林、孤峰、残丘组合特征，属于壮年晚期—老年早期疏散峰林宽谷型丹霞的代表。龙虎山的丹霞地貌典型，相关研究基础扎实，以地质公园方式进行了多年管理，在国外有较高知名度，以其为代表研究丹霞地貌成因，从学术角度和学术界公认角度显然既有力也有利。

本书研究的主要目的是探讨龙虎山丹霞地貌成因的控制因素，并为其他地区的丹霞地貌研究提供量化研究的通用研究对比标尺。以往的研究提出了丹霞地貌具有三个侵蚀阶段的地貌旋回模式及其形成的构造-岩性控制。然而，这些说法很少得到严格的定量分析证实。本书应用定量方法对丹霞地貌的侵蚀状况进行了评价，并对丹霞地貌的岩性和构造控制进行了验证。通过地形参数对地表进行统计研究，有助于了解地貌演变过程。本书研究中利用标准化河长坡降指标（normalized stream length gradient index，SLK）、面积-高程积分（hypsometric integral，HI）、面积-高程积分曲线（hypsometric curve，HC）等无量纲地貌参数以及河流纵剖面，进行了基于数字高程模型（digital elevation model，DEM）和地理信息系统（geographic information system，GIS）的地貌分析。研究了龙虎山地区 7 条河流的 SLK 异常值，其与断层的存在呈正相关，与岩石抗侵蚀性的对比也呈正相关，反映了构造和岩性对丹霞地貌区地形发育的控制。异常高的 SLK 值可能显示出由于岩性或构造而造成的地表侵蚀速度突变效应。本书还对丹霞地貌区的 26 个子流域进行了水文分析，得到了较低的面积-高程积分值（<0.42，平均值 = 0.21），这说明龙虎山丹霞地貌处于侵蚀阶段。此结果与之前根据估计侵蚀量推断的龙虎山地区地貌发展阶段一致。由于本研究所采用的参数是无量纲的，可以应用于比较不同大小流域的丹霞地貌侵蚀发育阶段，对将来的全球对比提供研究基础。

（2）通过大量的数据分析，对丹霞地貌发育的地表过程与地貌形态进行了研究，认为构造因素对丹霞地貌形态发育有着广泛的控制。

本书以龙虎山丹霞地貌为研究对象，通过基于 GIS 的遥感影像解译的方法，开展定量的地貌形态学研究，结合区域构造背景研究丹霞地貌发育机理，并开展野外地质调查，进行了包括岩性、断裂和岩层产状（走向、倾向和倾角）、露头运动学指标和观测在内的野外调查，为遥感和 DEM 数据分析得到的地貌特征提供野外验证。作者自 2007 年开始，在龙虎山进行了大量的基础研究，通过大量丹霞地貌区节理裂隙的野外调查，结合遥感影像裂隙解译，通过宏观地貌空间分布对比和野外剖面验证，揭示了丹霞地貌形成的构造控制因素及丹霞地貌形态与构造之间的紧密关系。龙虎山所在的华南板块，自中生代以来，经历了较为复杂的地质演化，垂直和水平地壳板块运动以及侵蚀和沉积过程的影响形成了地表地貌。丹霞地貌是一种流水侵蚀地貌，但是构造奠定了丹霞地貌发育的空间形态，从大尺度的峡谷走向、峰林、峰丛形态，到小尺度的微地貌景观，无一不受到构造裂隙的控制，丹霞地貌发育是时间、空间和物质上的统一，内力与外力共同作用的结果，构造控制和河流侵蚀对丹霞地貌的形成起着至关重要的作用，这一新认识，对其他地区丹霞地貌的研究有启迪意义。希望本书能为相关研究者、丹霞地貌自然保护区管理者有所帮助。

（3）主要结论及应用性。

由此，可以回答前面的三个学术问题：

①形成丹霞地貌的形态特征的地表过程是陆相碎屑岩在构造裂隙切割、块体运动和流水侵蚀的共同作用下形成的侵蚀地貌，丹霞地貌的陡崖的形成与垂直裂隙和区域走滑断层直接相关，受区域构造控制，因此又可以看作是一类构造地貌。②面积-高程积分（HI）能够对流域地貌发育阶段进行定量的描述，可以用来量化评估丹霞地貌侵蚀发育过程，由于其是无量纲因子，也可用在比较不同尺度红层盆地中丹霞地貌的发育阶段，并对丹霞地貌不同发育阶段的形态特点有更加清楚的认识，摆脱之前的估算评价。③丹霞地貌与其他类似地貌的区别，仍然要结合其他的研究，进一步探讨，因为红层与砂岩地貌在很大程度上与形成丹霞地貌的岩层的岩性、侵蚀过程都有很大的相似性，这需要在此研究基础上进一步进行探讨，但本项研究无疑是一个很好的基础性工作。

我们首次以龙虎山为例，对丹霞地貌发育侵蚀过程控制因素进行了量化研究，并且书中所介绍和使用的参数都是无量纲的，在全球其他丹霞地貌区的研究也可以借鉴应用，可以作为今后全球不同区域进行定量对比研究的“标尺”。

四、本书的阅读建议和相关工作背景

本书的研究工作始于 2007 年。这个研究的初心既有研究角度的：希望通过研究龙虎山丹霞地貌成因机理，探讨丹霞地貌科学定义和定量研究方法；也有国家代表角度的：期待这一中国人命名且能够作为美丽中国形象代表的地貌类型能够通过科学论据和翔实的研究，在世界立足；还有管理和科普角度的：为丹霞地貌区的资源保护、国家公园体制试点工作和科普宣传提供科学依据。在 2007～2015 年期间，作者多次在龙虎山展开野外调查，搜集第一手资料，并仔细阅读前人的论作与参加学术会议，思考国内外专家提出的建议。作者以此书来致敬所有参与丹霞地貌研究的前辈，献礼丹霞地貌研究 80 多年风雨历程。

考虑到读者对本书主题认知的一般情况，本书在内容安排上力求易懂：第 1 章介绍了丹霞地貌名称由来与特点以及龙虎山区域概况。第 2 章说明了本书的研究方法的创新与数据基本情况。第 3 章采用数字高程模型、遥感、地理信息系统和野外调查相结合的方法，研究了龙虎山丹霞地貌与构造控制因素。结果表明，这一特殊的丹霞地貌与构造有关，揭示了它们的成因联系。第 4 章基于 DEM 和地貌形态指数的丹霞地貌成因分析，阐述了丹霞地貌形成的构造和岩性控制以及丹霞地貌演化的侵蚀阶段。这个结果定量地反映了龙虎山丹霞地貌已进入“老年”侵蚀阶段，这与之前在侵蚀量估算的基础上对龙虎山地区提出的老年地貌阶段是一致的。以这样的顺序，使读者能够系统把握丹霞地貌定量研究的方法并以龙虎山案例的定量研究成果旁通其他丹霞区域，如此才能更好地理解前述的三个学术问题是如何得到答案的。第 5 章进行了丹霞地貌的定量研究方法总结及相关国际比较，通过介绍以美国宰恩国家公园为代表的美国西部发育的红层地貌与中国东南部发育的典型丹霞地貌的对比，以说明丹霞地貌与其他相似地貌类型之间的对比联系，使读者在前述定量研究的基础上，可以更准确地理解中国丹霞地貌的科学特征。自 20 世纪 50 年代以来，地貌学定量研究方法取得了较多进展，地貌学研究只凭定性描述方法是不够的，必须还要用定量方法研究地貌过程，说明地貌和其形成因素的关系。除本书所应用的丹霞定量研究方法之外，对许多地貌事件的形成时间尺度也可以运用宇宙成因核素测年法、光释光测年法、古地磁等方法测定，从而可以从时间上、影响因素上更准确地重构地貌的发展历史，并进而预测丹霞地貌宏观的发展趋势，这也是今后的工作中作者尝试的方向。

本书的相关研究并非作者独自平地起高楼，还有以下同事和朋友的劳动成果：

本书第二作者海南大学潘志新副教授，与本人共同形成了定量研究的思路并共同完成了数据处理工作和相关写作。第三作者中国地质科学院何庆成研究员，对定量研究思路和全部书稿进行了技术把关，在 GIS 的数据处理中给予了指导，在龙虎山遥感数据等基础资料的搜集和处理上也给予了支持。在本书长达 10 余年的相关研究过程中，彭华教授、郭福生教授、赵志中研究员、陆吉赟等都先后给予了指导。

另外，还必须感谢对本书的研究、写作和出版做出贡献的以下诸位：原国土资源部分管地质公园工作的袁小虹处长（现为国家林业和草原局自然保护地管理司二级巡视员）；江西龙虎山世界地质公园管理委员会的历任领导，包括毛建华书记（现为鹰潭市政府副市长）、雷纪文书记（现为鹰潭市人大常委会副主任）、王清和书记、邵志国主任、吴任忠副主任等；龙虎山风景名胜区林业局黄少华局长、孔仁平副局长；中国地质科学院李采博士、郭朝斌博士、杨利超博士，海南大学的杜彦君教授、刘辉博士等协助完成了相关现场工作；黄山风景区管理委员会的张阳志、雁荡山世界地质公园管理委员会的卢琴飞、四川省绿化基金会的凌林等对书稿提出了修改意见；中国社会科学院大学研究生院的赵蕊、程源等参与了资料整理和数据处理工作；北京师范大学程红光教授、中国环境科学研究院朱彦鹏和曾今尧、中国科学院地质与地球物理研究所程成、清华大学的秦岭和陈瑜、中国自然资源经济研究院周璞、北京林业大学生态与自然保护学院魏钰等参与了全书的资料搜集、数据校核和图片处理工作。本书的完成和出版还要特别感谢中山大学的彭华教授一直以来对作者任舫和潘志新在丹霞地貌研究中的鼓励和帮助。本书的前期研究工作，得到了龙虎山世界地质公园管理委员会、龙虎山风景名胜区林业局、国家自然科学基金项目[①]的资金资助。另外，本书的相关研究工作和出版也得到了国务院发展研究中心力拓研究基金的支持，国务院发展研究中心苏杨研究员的团队（包括苏红巧、赵鑫蕊、王宇飞），从自然保护地和国家公园系列研究的角度，对本书的既有成果进行了政策化的提炼，使本书也具有了管理和科普角度的价值。在此一并致以诚挚的谢意。

本书付梓之际[②]，地质公园作为自然公园中的一种类型，已正式并入中国的自然保护地体系（我国将自然保护地按生态价值和保护强度分为三类：国家公园、自然保护区、自然公园）。中国丹霞也因此在以国家公园为主体的自然保护地体系中占据了一席之地。未来，世界自然保护地体系少不了中国的支撑，中国国家公园少不了中国丹霞这样一个代表，希望始自龙虎山研究的本书，能让大家明晓中国的丹霞地貌是一个地学研究的藏龙卧虎之地，丹霞风景，这边独好。

2019年12月

---

① 国家自然科学基金项目名称：中国西北部干旱区和东南部湿润区丹霞地貌发育机制的对比研究，项目批准号：41761002。

② 因为疫情原因，本书在2019年底完稿后，推迟了两年多才出版。也就在这两年多的时间里，不仅产生了第一批五个中国国家公园（其中的武夷山国家公园及三江源国家公园的澜沧江园区分布有典型的丹霞地貌），而且作为“中国丹霞”系列世界自然遗产地之一的广东省丹霞山在国家林业和草原局主要领导的建议下开始独立创建丹霞山国家公园，“中国丹霞”世界自然遗产地中的湖南崀山，也被纳入了南山国家公园体制试点区的范围。本书的研究成果对丹霞山国家公园的价值评判和管理需求分析提供了直接的支持，也希望有更多的以丹霞地貌为价值主体的自然保护地能参考本书，更好地从科学角度论证其资源的国家代表性。

Preface

In the history of geomorphology, Danxia Landform is one of the few concepts created by Chinese scholars. 2019 marks the 80th anniversary of geologist Chen Guoda's formal proposal of the "Danxia Terrain"① concept, signifying Danxia Landform's transition from an idea to a topic of formal academic research.This book is not only the authors' research summary of Danxia Landform, but also a tribute to this "Chinese concept" and to Chinese geologists and geomorphologists.

Danxia Landform is beautiful in shape, unique in origin, and widely distributed in China, which makes it particularly important in terms of scientific research and the formation of a nationally representative geological landscape. In 2010, "China Danxia" was listed as a World Natural Heritage, but the process of applying for the "World Natural Heritage" was rather arduous, and the scientific concept of Danxia Landform was not highly recognized in the international academic community as a unique type of geomorphology, making it difficult for this landform to be accepted in the "World Natural Heritage List" under the name "China Danxia" landscape. From the perspective of research, there are still different opinions in the field of geosciences about what exactly Danxia Landform is. There are debates on the rock properties, rock age, lithofacies, driving forces of the landscape, landscape forming time, and even landform morphology and rock color. There is no definite definition, let alone a geomorphic naming criteria that can be strictly followed. It seems that anyone can arbitrarily name a place as Danxia Landform, and that Danxia Landform could be found anywhere in China and the world. Therefore, it is difficult for "China Danxia" to gain a foothold in

① In 1928, Feng Jinglan and others named the red strata, as well as the corresponding strata in northern Guangdong, as "Danxia Formation". In 1938, Chen Guoda first put forward the concept of "Danxia Terrain". In 1939, Chen Guoda formally used the taxonomic term "Danxia terrain", and the concept of Danxia terrain (landform) has been used since then. Therefore, in this book, the four concepts are defined as follows: Danxia is a red-colored sandstone landscape; "Danxia Formation" refers to the similar red glutenite strata named in Danxiashan; "Danxia Terrain" is the red beds landscape named in Danxiashan for the first time appeared in the early Danxia Landform literature. In the later literature, the "Danxia Landform" is used to describe this kind of red beds landscape. According to the discussion of scholars, Danxia Landform is a landform with steep cliffs and slopes, which is mainly developed in the red beds of continental facies (possibly including non continental interlayer). At present, the definition is accepted by most scholars, and can also be described as "red beds landform characterized by steep slope" (Peng Hua, 2009).

the international academic community. In response to the appeal of Chinese scholars and some foreign experts, the International Association of geomorphologists established the IAG Red Beds and Danxia Geomorphology Working Group in 2009, as the scientific definition of Danxia Landform and the study of geomorphic development process are still insufficient.

In June 2019, the General Office of the Central Committee of the Communist Party of China and the General Office of the State Council issued the "Guiding Opinions on Establishing a Natural Reserve System with National Parks as the Main Body", China has begun to integrate the natural protected area system, which includes geoparks. Because Danxia Landform is one of the pillar types in the national geoparks, it is not only necessary but urgent to study Danxia Landform in accordance with international academic norms. This book is an attempt in this regard, starting from the geological importance and national representativeness of Danxia Landform, to answering questions that must be answered in international academic circles. In addition, the case study of Longhushan dives deeper to the level of quantitative research on topographic morphology and quantitative research on topographic factors, which are highly recognized in international geomorphological research.

1. The geological significance and national representation of Danxia Landform

Danxia Landform research originated from Danxiashan in Guangdong Province of China. In terms of geomorphology, Danxia Landform can be defined as follows: Danxia Landform is formed on the extremely thick sediments of the faulted basin of the active continental margin in the western Pacific Ocean. It is mainly composed of red sandstone and conglomerate, reflecting an oxidized continental lacustrine sedimentary environment under hot and dry climate. These sediments have undergone regional crustal uplift, severe faulting, deep cutting erosion by flowing water, mass movement, weathering and dissolution, forming peaks, cliffs and canyons with great scenic beauty. In terms of time range, so far, the red beds basins observed in Danxia Landform in southeastern China, are all inland basins with red continental formations under the hot and dry climate conditions of the Mesozoic. Especially since the Cretaceous Period, these basins gradually received the huge and thick red clastic sediments scored by nearby provenance areas. These fluvial facies or alluvial-proluvial facies red glutenites also affect the spatial development and differentiation of Danxia Landforms in the later stage, and provide a spatial and material basis for the development of Danxia Landforms. The uneven uplift and structural fractures produced by the Neotectonics have laid a macro-tectonic foundation for the development of the Danxia Landform.

According to field investigations, up to now, more than 780 Danxia Landforms have been discovered in China. These are widely distributed in tropical and subtropical humid regions, temperate humid-semi-humid regions, semi-arid regions and alpine regions of the Qinghai-Tibet Plateau. China's Danxia Landforms are beautiful and diverse, with obvious global representation and world-class conservation value.

(1) Danxia Landform is aesthetic. Many Chinese Danxia Landform areas have been recognized as geoparks of different levels, and some of them have also been entitled as global geoparks or world natural heritage sites by UNESCO, which have a global impact and interpret the beauty of China.

(2) There are all types of Danxia Landforms in China. According to the previous research, Danxia Landforms can be divided into different erosional stages, from the young stage with less prominent landform features and less developed incisions,to the mature stage with well-developed maze-like peaks and canyons, and finally to the old stage characterized by large-scale lowlands and isolated peaks surrounded by extensive river systems. As a World Natural Heritage, China's Danxia comprehensively display of these stages. China's Danxia Landform is also a representative of the world's red beds. Red beds are widely distributed on all continents except Antarctica, and have developed the same or similar landform types as China's Danxia Landforms (generally referred to as red beds or sandstone landforms abroad). Danxia Landform is a special natural geographical phenomenon and rock landform with global significance. The types of Danxia Landforms in China vividly reflect the types of red beds Landforms.

2. Insufficiency of existing academic research on Danxia Landform and its influence

Although in recent years Danxia Landform has been widely accepted in China as a geomorphological term and there have been more and more domestic tourist destinations with the theme of "Danxia Landform", the international academic community has little awareness of Danxia Landform. A large part of the reason is that the quantitative research on Danxia Landform is insufficient, and there is a lack of international comparison, especially in the quantitative research on the genetic mechanism and the evolution model of the Danxia Landform. In 2010, when China applied for a series of nomination of World Natural Heritage for Danxia Landform, UNESCO finally accepted the application with "China Danxia" as the name of the nominated sites, meaning that it is only recognized as a kind of unique landscape called "Danxia" in China, lack of quantitative research on the formation model of landforms also called into question using the poetic element of the "red" color in defining the type of landform.

The classification of geomorphology generally adopts the principle of morphological origin. For example, in 1884 and 1899, WM Davis of the United States proposed to classify landforms according to the three elements of structure, force and time; KK Markov of the Soviet Union proposed in 1929 the three basic elements of landform development (morphology, genesis, and age), which are divided into erosion-tectonic topography, tectonic topography, etched or eroded topography, and accumulation topography. The classification standards of these landforms are all based on quantitative morphological studies or studies on the genesis process of landforms. In the classification of landforms by the International Association of Geomorphologists (IAG), Danxia Landform has not yet become an independent landform type widely recognized by scholars around the world. The quantitative research on the development process of Danxia Landform is still weak, especially the lack of research on the formation mechanism of Danxia Landform and the model of the development process of the landform. This leads to ambiguity in the definition of Danxia Landform, especially the relationship between Danxia Landform and other colorful landforms. The difference between mounds, Danxia Landforms and sandstone landforms has always been a bottleneck that has plagued Danxia Landform research and this has been widely recognized and accepted by peers in the global academic community. Against this backdrop, the International Association of Geomorphologists (IAG) held the 7th Geomorphology Conference in July 2009 through the joint advocacy of Chinese and foreign scholars such as Professor Pitor Migoń, Professor Michael Crozier, and Professor Peng Hua. The "red beds and Danxia Geomorphology Working Group" was approved and established at the conference, signifying that Danxia geomorphology research had truly entered the world stage. An important task of the working group was to advocate that more scholars study the genetic mechanism of Danxia Landform, strengthen quantitative research work, and clarify the difference between Danxia Landform and similar landforms (such as sandstone landform and red beds).This is also a scientific question that many fellow scientists have been concerned about. In order to promote the research of Danxia Landform, it is necessary to carry out quantitatively study on the development mechanism, geomorphic evolution process and control factors of Danxia landform, and conduct comparison among various

Danxia Landform areas in China and Danxia-like landforms in the world.

The contribution of Chinese scholars in introducing Danxia Landform to the world is indisputable, but our research has not yet been impeccable. This is the "original aspiration" that the authors have been pursuing in this field for more than ten years and the research innovation that this book strives to achieve.

3. The academic innovation and major conclusions of this book

There are three questions that must be answered to obtain recognition from international academic circles: ①what is the surface process that forms the morphological characteristics of Danxia Landform? ②Is there any characteristic index and quantitative indication in the development stage of Danxia Landform? ③What is the difference between Danxia Landform and other similar landforms, especially the difference between Danxia Landform, red beds landform, and sandstone landform?

This book is based on the following research in response to these three questions.

(1) China Danxia serial Word Natural Heritage sites are mainly distributed in Southeast China. They are all situated the subtropical monsoon humid climate area. The rocks forming Danxia Landform are all from the middle and late Cretaceous periods. They are all continental clastic rocks and red beds deposited in the basin. In the later stage, they were cut by the fracture system generated since the Neotectonics. As the case point of this study, Longhushan in Jiangxi Province is one of the members of the serial World Natural Heritage sites "China Danxia". Its Danxia Landform is the representative of the early old age landform development stage. The Xinjiang Basin where Longhushan is located, has experienced early Cretaceous volcanic activity, late Cretaceous gypsum salt deposition, aeolian sand accumulation, dinosaur extinction and other major geological events, and thus has recorded the important geological evolution of the Cretaceous period. The Basin has typical erosion residual peak cluster, peak forest, solitary peak and residual Hill combination characteristics, and is representative of Danxia with its wide valley type of scattered peak forest from late adulthood to early old age. The Danxia Landform of Longhushan is representative and the relevant research foundation is solid. In addition, management has been carried out in the form of a geopark and world natural heritage site for many years, and it has a high reputation abroad. Taking it as a representative to study, the genesis of Danxia Landform is obviously both powerful and beneficial from the academic point of view and recognized by the academic community.

The main purpose of the study in this book is to explore the controlling factors in the Danxia Landform formation in Longhushan, and to provide a general research comparison scale for quantitative research on Danxia Landform in other regions. Previous studies have suggested that Danxia Landform has a geomorphic cycle model with three erosion stages and the tectonic-lithologic control of its formation. However, these claims are rarely corroborated by rigorous quantitative analysis. This book uses quantitative methods to evaluate the erosion status of Danxia Landform, and to verify the lithologic and tectonic control of Danxia Landform. Statistical research on the surface through terrain parameters is helpful to understand the evolution of landforms. In this study, dimensionless geomorphological parameters such as normalized stream length gradient index (normalized stream length gradient index，SLK), geomorphic area-altitude analysis (hypsometric integral, HI), hypsometric curve (HC), and river longitudinal profile are used to carry out geomorphological analysis based on digital elevation model (DEM) and geographic information system (GIS). The anomalous values of SLK in seven rivers in the Longhushan area were studied, and they were positively correlated with the existence of faults and with the contrast of rock erosion resistance, reflecting the control of structure and lithology on the topographic development of the Danxia Landform area. Abnormally high SLK values may show abrupt effects of surface erosion rates due to lithology or structure. This book also conducts hydrological analysis of 26 sub-basins in the Danxia Landform area, and obtains a low area-elevation integral value (<0.42, average = 0.21), which indicates that the Longhushan Danxia Landform is in an old erosion stage. This result is consistent with the previously inferred geomorphological development stage in the Longhushan area based on estimated erosion. Since the parameters used in this study are dimensionless, they can be applied to compare the erosion development stages of Danxia Landforms in different watersheds, and provide a research basis for future global comparisons.

(2) The surface process and landform morphology of Danxia Landform development were studied through a large amount of data analysis, and it is believed that tectonic factors had extensive influence on the development of Danxia Landform morphology.

This book takes the Danxia Landform of Longhushan as the research subject. Through GIS-based remote sensing image interpretation, it conducts quantitative geomorphological research, combines regional tectonic background to study the development mechanism of Danxia Landform, and conducts geological field survey including lithology, fault and attitude of beddings (strike, dip, and dip angle), outcrop kinematics indicators and observation. Their distribution characteristics and combination rules are carried out, providing field verification for the geomorphological characteristics obtained by remote sensing and DEM data analysis.

Since 2007, the authors have carried out a lot of basic research on Longhushan. Through the field investigation of a large number of joints and fractures in the Danxia Landform area, combined with the interpretation of remote sensing image-derived lineation features, and the comparison of macro-geomorphic spatial distribution and field profile verification, they discovered the tectonic controls to Danxia Landform and the close relationship between Danxia Landform morphology and structure. The South China Plate where Longhushan is located has experienced complex geological evolution since the Mesozoic period, and the surface landforms have been formed by vertical and horizontal crustal plate movements as well as erosion and depositional processes. Danxia Landform is a kind of fluvial erosion landform, but the structure has established the spatial form for the development of Danxia Landform. From large-scale canyon trend, peak forest, peak cluster shape, to small-scale micro-geomorphic landscape, they all are controlled by structural fractures. The development of Danxia Landform is the unity of time, space and material, and the result of the joint action of internal and external forces. Tectonic control and fluvial erosion play a crucial role in the formation of Danxia Landform. This new understanding is instructive to the study of Danxia Landform in other areas. The authors hope that this book will be helpful to researchers and managers of Danxia Landform-characterized natural reserves.

(3) Main conclusions and the applicability. The three preceding academic questions can be answered: ①The surface process that forms the morphological characteristics of Danxia Landform is the erosive landform formed by continental clastic rocks under the combined action of along-tectonic fracture cutting, mass movement and fluvial erosion. The formation of cliffs of Danxia Landform is directly related to vertical fractures and regional strike slip faults, which is controlled by regional tectonics, so it can be regarded as a type of tectonic landforms. ②The area elevation integral value (hypsometric integral, HI) can quantitatively describe the development stages of the watershed landform, and can be used to quantitatively evaluate the erosion development process of Danxia Landform. Because it is a dimensionless parameter, it can also be used to compare the development stages of Danxia Landform in red beds basins of different sizes, and have a clearer understanding of the morphological characteristics of different development stages of Danxia Landform, so as to avoid the previous interpretation based on estimation and

evaluation. ③The difference between Danxia Landform and other similar landforms still requires further research in combination with other studies. Because red beds and sandstone landforms are largely similar to the lithology and erosion process of the strata that form Danxia Landform, this step of work still needs to be further discussed on the basis of this research. But this research is undoubtedly a good foundational work.

Taking Longhushan as a case study, for the first time, quantitative research has been carried out on the controlling factors and erosion amount (stage) of the development of Danxia Landforms, and these parameters introduced and used in the book are all dimensionless. The research in the region can also be used for reference and as a "benchmark" for quantitative comparative research in different regions of the world in the future.

4. Suggestions for reading this book and related background

Research for this book began in 2007. The original intent of this study was to explore the scientific definition and quantitative research methods of Danxia Landform by studying the genesis mechanism of the Danxia Landform in Longhushan. The study has a perspective of national representatives: it is expected that this geomorphic type named by the Chinese, representing the image of beautiful China, can gain a foothold in the world through scientific evidence and detailed research. It also has the perspective of management and popular science: to provide scientific basis for resource protection, national park system pilot work and popular science publicity in Danxia Landform areas. From 2007 to 2015, the authors conducted field investigations in Longhushan many times, collected first-hand data, carefully read previous works and attended academic conferences, as well as considered the suggestions put forward by domestic and foreign experts. The authors would like to use this book to pay tribute to all the predecessors of Danxia Landform research, and to the course of Danxia Landform research for more than 80 years.

Considering the general readers' understanding of Danxia Landform, this book strives to be easy to understand in terms of content arrangement. Chapter 1 introduces the origin and characteristics of the name of Danxia Landform and the general situation of Longhushan. Chapter 2 explains the application innovation and basic data of the research methods in this book. Chapter 3 studies the structural control of the formation of the Danxia Landform in Longhushan by using a combination of digital elevation model, remote sensing, GIS, and field investigation. The results show that this special

Danxia Landform is related to structure, suggesting their genetic connection factors. Chapter 4 expounds on the tectonic and lithological controls of Danxia Landform formation and the erosion stage of Danxia Landform evolution by using DEM and geomorphological index to analyze the origin of Danxia Landform. This result quantitatively reflects that the Longhushan Danxia Landform has entered the "old" erosion stage, which is consistent with the previous senile landform stage proposed for the Longhushan area based on the estimated erosion amount. In this order, readers can systematically grasp some quantitative research methods of Danxia Landform, relating to other Danxia areas with the quantitative research results of Longhushan case, and better understand how the above three academic questions are answered. Chapter 5 summarizes the quantitative research methods of Danxia Landform and introduces similar landforms in the United States. By introducing the comparison between the red beds landforms developed in the western United States, represented by Zion National Park， and the typical Danxia Landforms developed in southeastern China, it illustrates the comparative relationship between Danxia Landform and other similar landform types so that readers can more accurately understand the scientific characteristics of China's Danxia Landform on the basis of the aforementioned quantitative research. Since the 1950s, quantitative geomorphology research has made progress. It is not enough for geomorphology research to rely only on qualitative description. It is necessary to use quantitative methods to study geomorphic processes and explain the relationship between geomorphic factors. In addition to the quantitative research methods of Danxia used in this book, the formation time scales of many geomorphic events can also be determined by cosmogenic nuclide dating, optical stimulated luminescence dating, paleomagnetism and other methods, so that the development history of the landform can be more accurately reconstructed from time and influence factors, and then the macro development trend of Danxia landform can be predicted, which is also the direction of the authors' attempt in our future work.

The relevant research in this book is not the work of the myself alone, but also the achievement of the following colleagues and friends: Pan Zhixin, associate professor of Hainan University and the second author of this book, formed the idea of quantitative research together with me and completed data processing and related writing together. He Qingcheng, professor of the Chinese Academy of Geological Sciences and the third author of this book, technically reviewed the quantitative research ideas and all the manuscripts, gave guidance in the data processing of GIS, and supported the collection and processing of basic data such as remote sensing data of Longhushan. For more than

10 years, Professor Peng Hua, Professor Guo Fusheng, Professor Zhao Zhizhong, and Lu Jiyun have given guidance regarding relevant research processes.

In addition, we must also thank the following people who have made contributions to the research, writing and publication of this book: Yuan Xiaohong, director of the former Department of Land and Resources, who was in charge of geoparks (and is now the second-level inspector of the Department of Natural Reserves of the State Forestry and Grassland Administration); Thanks also go to the successive leaders of the Administrative Committee of Longhushan Global Geopark in Jiangxi Province, including the party secretary Mao Jianhua (and is now the deputy mayor of Yingtan Municipal People's Government), the party secretary Lei Jiwen (and is now the deputy director of the Standing Committee of the Yingtan Municipal People's Congress), the party secretary Wang Qinghe, director Shao Zhiguo, deputy director Wu Renzhong, etc; Director Huang Shaohua and Deputy director Kong Renping of the Forestry Department of Longhushan; Dr. Li Cai, Dr. Guo Chaobin and Dr. Yang Lichao of the Chinese Academy of Geological Sciences. Professor Du Yanjun and Dr. Liu Hui of Hainan University assisted in completing the relevant on-site work. Zhang Yangzhi of Huangshan Scenic Spot Administrative Committee, Lu Qinfei of Yandangshan Global Geopark Administrative Committee and Ling Lin of Sichuan Green Foundation put forward revision opinions on the manuscript. Zhao Rui and Cheng Yuan from the Graduate School of the Chinese Academy of Social Sciences participated in data sorting and data processing. Professor Cheng Hongguang of Beijing Normal University, Zhu Yanpeng and Zeng Jinyao of the Chinese Academy of Environmental Sciences, Cheng Cheng of the Institute of Geology and Geophysics of the Chinese Academy of Sciences, Qin Ling and Chen Yu of Tsinghua University, Zhou Pu of the Chinese Academy of Natural Resources Economics, and Wei Yu of the school of ecology and nature conservation of Beijing Forestry University participated in the data collection, data verification and image processing of the book. Special thanks also to Professor Peng Hua of Sun Yat-sen University, for his encouragement and help to me and Pan Zhixin in the study of Danxia geomorphology. The preliminary research work of this book was funded by the Administrative Committee of Longhushan UNESCO Global Geopark, the Forestry Department of Longhushan Scenic Spot, and the National Natural Science Foundation of China[①]. In addition, the relevant research work and

---

① Project Name: Comparative Study on the Development Mechanism of Danxia Landform in Arid Area of Northwest China and Humid Area of Southeast China, project approval No.: 41761002.

publication of this book have also been supported by the Rio-Tinto Research Fund of the Development Research Center of the State Council. The research team of Professor Su Yang of the Development Research Center of the State Council (including Su Hongqiao, Zhao Xinrui, Wang Qian and Wang Yufei) has refined the existing achievements of this book from the perspective of a series of studies on nature reserves and national parks to management value and popular science. To all the aforementioned, I would like to express sincere gratitude.

At the time of publication[①], Geparks, as a type of natural parks, have been formally incorporated into China's natural reserve system. According to ecological value and protection intensity, natural protected areas are divided into three categories in China: national park, natural reserve and natural park. Therefore, China Danxia occupies a place in the system of protected natural areas with national parks as the main body. In the future, China's support is indispensable to the world system of protected natural areas, and China's national parks are inseparable from China Danxia. We hope that this book, originating from the study of Longhushan, can make it clear that Danxia landforms in China is a land of hidden dragons and crouching tigers in terms of geoscience research.

Ren Fang

In December 2019

---

① Due to the pandemic, the publication of this book was delayed for more than a year after it was completed at the end of 2019. In more than a year, not only the first batch of five Chinese National Parks (Wuyishan National Park and Lancang River area at the Sanjiangyuan National Park are distributed with typical Danxia landform), but also Danxiashan in Guangdong Province, as one of the "China Danxia" serial heritage sites, began to establish Danxiashan National Park independently under the recommendation of the State Forestry and Grassland Administration, Langshan in Hunan Province, one of the "China Danxia" serial heritage sites, has also become the pilot area of Nanshan National Park system. The research results of this book provide direct support for the value evaluation and management demand analysis of Danxiashan National Park. We hope that more natural reserves with Danxia landform as the main feature can refer to this book to better demonstrate the national representativeness of its resources from a scientific point of view.

目　录

Content

第 1 章　丹霞地貌定义和龙虎山丹霞地貌简介

1.1　丹霞地貌名称由来与特点

1.1.1　丹霞地貌名称由来

丹霞地貌是我国地质地貌学家在 20 世纪 30 年代命名的一种红层地貌类型，是一种形成于陆内拗陷或断陷盆地巨厚沉积岩上的地貌景观，主要由厚层红色砂岩和砾岩组成，反映了干热气候条件下的氧化陆相河湖沉积环境。这些沉积层经历了区域地壳抬升、剧烈的断裂、流水的深度切割侵蚀、块体运动、风化和溶蚀作用，塑造了崖壁、石峰、洞穴等有着极大观赏价值的绝妙景观。丹霞地貌形态绮丽、成因有特色、在中国广布，这使其不管从科研而言还是从形成有国家代表性的地质景观而言都殊为重要。2010 年，“中国丹霞”①被列为世界自然遗产，随着中国丹霞申遗的成功和旅游的发展，“丹霞”一词逐渐被全世界所了解，吸引着越来越多的学者加入对中国丹霞研究的队伍中来。

丹霞地貌，通常是指是从陆相的沉积碎屑岩发育而来的一种地貌类型，典型地貌特征有陡峭的悬崖，类似喀斯特地貌特征的塔状山峰（图 1-1）和洞穴等微地

图 1-1　龙虎山丹霞地貌实例（塔状峰丛、峰林）（摄影：夏程林）

① 2010 年，中国六处最具代表性的丹霞地貌区按照联合国教科文组织对世界遗产的评定，符合标准中的标准 7 与标准 8，被联合国教科文组织列入“世界自然遗产名录”而成为世界自然遗产地，被认定的原因为其罕见的自然美与其代表的重要地质过程，其表述并未将“丹霞地貌”作为遗产地名称，而是只以“中国丹霞”来表示在中国被称为“丹霞”的红层地貌景观。

貌。因此，在一些文献中称其为“假喀斯特”（Wray，1997）。与喀斯特地貌、冰川地貌等其他地貌类型不同，丹霞地貌发育的控制因素尚未完全清楚。

丹霞地貌研究始于1928年，当时中国地质学家冯景兰在广州东北部丹霞山首次用“丹霞层”描述了一套由砂砾岩组成的红层。1938年陈国达首次提出“丹霞山地形”的概念。1939年陈国达正式使用“丹霞地形”这一分类学名词，来描述丹霞山类似的红层地貌，之后丹霞层、丹霞地形的概念便被沿用下来。20世纪40年代，丹霞地貌研究引起了人们的广泛关注。对丹霞红层的地层分布、岩性和构造环境进行了一系列研究，并对丹霞红层的地貌演化进行了讨论（徐瑞麟，1937；陈国达和刘浑泗，1939；曾昭璇，1943；吴尚时和曾昭璇，1946）。受当时交通、经济发展和对外交流的限制，这些研究和交流只限于中国国内。

曾昭璇（1960）提出把丹霞地貌作为一种独特的红层地貌类型。曾昭璇和黄少敏（1980）总结了丹霞地貌的分布、岩性、地貌特征和发育过程。李见贤和黄进（1961）注意到其丰富的垂直节理有利于水的渗透性，提出丹霞地貌的陡崖或台地的形成是由流水的下切侵蚀和“重力崩塌”形成的。曾昭璇和黄少敏（1978）注意到中国东南部丹霞地貌发育的沉积物主要由早白垩世或侏罗纪形成的陆相碎屑组成。黄进（1982）将典型丹霞地貌的组成部分阐述为平顶、陡崖、缓坡。黄奇帆将丹霞地貌的控制因素描述为由水平岩层控制的平顶、由节理控制的垂直峭壁斜坡、由摩擦角控制的缓坡崩积层斜坡。黄进（1999）提出丹霞地貌的定义包括红色陡崖，它是由中新生代山间盆地中形成的陆相红层发育而成。此外，他认为红色陡崖形态可能与多种地貌类型有关，包括台地、塔状山峰、崩塌块体、垂直岩崖壁或冲沟。他调查了中国丹霞地貌的分布范围，得出结论：丹霞地貌广泛分布于中国的湿润地带、干旱地区和高海拔地区。黄进（1991，1999）注意到岩性变化引起的差异风化：沿细粒软弱层的优先风化的作用。因此，黄进提出了岩性变化部分控制丹霞地貌形态（即陡崖与斜坡发育）的观点（黄进，1991，1999；彭华，2002）。为了量化丹霞地貌定义中的“陡崖”，罗成德（1996）提出，崖壁垂直高度应超过10m，距角必须大于60°。受戴维斯（Davis，1899）的“侵蚀循环理论”的启发，黄进（1982）和彭华（2009）建议将丹霞地貌划分为三个地貌发展阶段（青年期、壮年期和老年期）。根据这个框架，“中国丹霞”系列世界自然遗产地的六处丹霞地貌，分别代表了丹霞地貌发育阶段的青年期（贵州赤水与福建泰宁），壮年期（湖南崀山与广东丹霞山）和老年期（江西龙虎山与浙江江郎山）详情见表1-1。而本书研究案例龙虎山，是丹霞地貌发育的老年早期地貌代表，具有典型性和代表性。我们首次以江西龙虎山为例，对丹霞地貌发育侵蚀过程控制因素、侵蚀量（阶段）进行了量化研究，并且书中所介绍和使用的参数都是无量纲的，在全球其他丹霞地貌区的研究也可以借鉴应用，可以作为今后全球不同区域进行定量对比研究的“标尺”。江西龙虎山的丹霞地貌典型，相关研究基础扎实，以地质公园方式进行了多年管理，在国外有较高知名度，以其为代表研究丹霞地貌成因，从学术角度和学术界公认角度显然既有力也有利。

表 1-1　6 个丹霞地貌典型代表地与其代表的地貌发育阶段（根据彭华，2009 修改）

地貌发育阶段		侵蚀量/%	地貌特征	典型代表地
青年期阶段	青年早期	＜15	地貌以高原、峡谷和陡峭的陡崖为主	贵州赤水
	青年晚期	15～30	以峰丛、块状山、平顶山、山脊、峡谷、狭缝型峡谷和峡谷地貌为主，冲积平原可能已经发展	福建泰宁
壮年期阶段	壮年早期	30～50	以较崎岖的地表为特征，如分散的山体、峰丛和峰林。溪流流入之前形成的洪泛平原中，主要河流切断了先前的洪泛平原，并接近侵蚀基准面	湖南崀山
	壮年晚期	50～70	以峰林和峰丛为特色。谷底宽阔，溪流蜿蜒，侧向侵蚀占主导地位	广东丹霞山
老年期阶段	老年早期	70～85	以发育良好、底部宽阔平坦的山谷为主，具有更分散的块状山、山峰、峰林、峰丛	江西龙虎山
	老年晚期	＞85	准平原阶段，具有大规模起伏的低地、山丘和残丘	浙江江郎山

根据估计的侵蚀量与主要地貌形态特征，龙虎山地区的丹霞地貌是中国亚热带湿润区丹霞单体与群体的重要形态类型，峰林、峰丛、孤峰、残丘都能在龙虎山地区被发现，形态类型的多样性造就了丹霞峰林地貌组合和象形丹霞景观的独特性。龙虎山丹霞群体形态类型以侵蚀残余的平顶型和圆顶型峰丛为主，是宽谷疏散型丹霞峰林地貌的模式地。龙虎山为典型的老年早期丹霞地貌模式地，是中国丹霞系列遗产地的不可或缺的部分。

丹霞地貌是经过长期的侵蚀过程发育而成的一种侵蚀地貌（Zhang et al., 2011），早期的研究主要集中在它的定性观测特征上，如陡崖的形态、缓坡、平顶等（黄进，1991，1999；彭华，2002）。有的研究探讨了丹霞地貌的分布，认为丹霞地貌广泛分布于中国西南部、西北部和东南部，分布于除南极洲以外的所有其他大陆（黄进，1999；彭华和吴志才，2003）。陡崖是丹霞地貌的主要特征，然而由于缺乏定量研究，丹霞地貌的成因一直是一个争论的问题。以往的研究表明，节理的存在与丹霞河谷的形成有一定的关系，但仍缺乏定量分析（姜勇彪等，2010）。

以目前的研究成果来看，在丹霞地貌发育过程的定量研究上，尚为薄弱，对于丹霞地貌形成机理和地貌发育过程模式的研究不足，造成了对丹霞地貌定义上的模糊，尤其是丹霞地貌与彩丘、丹霞地貌与砂岩地貌的区别，一直成为阻碍丹霞地貌研究被国际学术界同行广泛接受的瓶颈。本书结合遥感（remote sensing, RS）、地理信息系统等技术，以及传统的地学研究方法，通过一些相关的地貌形态指数来研究构造、水系以及地形地貌的发育，以此来探讨丹霞地貌与构造、岩性等的控制关系与成因，为丹霞地貌的定量化研究提供依据。

包括龙虎山地区在内，我国东南部丹霞地貌区域广泛分布于华南褶皱带（South China Folded Belt，SCFB）所处的湿润气候带，为一处较复杂的地质区域。彭华（2009）提出了6个丹霞地貌典型代表地，分别代表了丹霞地貌侵蚀旋回中地貌发育的不同阶段。丹霞地貌发育的侵蚀循环理论是受戴维斯侵蚀循环理论的启发，基于侵蚀量百分比的经验估判基础上提出的（彭华，2009，2012），然而，目前还没有定量数据来验证这一结论。戴维斯认为，地块开始上升且被逐渐剥蚀夷平，并降低到起伏不大的地面或接近基面的准平原之间，存在着连续的剥蚀过程和地表形态。地貌旋回理论的基础建立在一个假设之上，即每个区域都向侵蚀基准面侵蚀，并导致河流分级，地貌受长期侵蚀作用，经历青年期、壮年期、老年期的连续地貌发育阶段，称为一个侵蚀旋回。再一次的地壳运动后，准平原再度被抬升，地貌又进入一个新的侵蚀旋回，称侵蚀回春（Davis，1899）。

1.1.2 丹霞地貌主要形态分类与特点

按照其形态特征，2010年向联合国教科文组织申报“中国丹霞”自然遗产时，彭华等学者根据之前的研究，从形态上，将丹霞地貌归纳为正地貌、负地貌（含丹霞洞穴）两大类（表1-2，表1-3），再根据其具体形态进一步划分为若干地貌类型，具体划分如下（根据“中国丹霞”世界自然遗产申报书，2010年）。

1. 正地貌

丹霞的主要正地貌形态分类见表1-2。

表1-2 丹霞的主要正地貌形态分类

类型	描述
丹霞崖壁	坡度＞60°，高度＞10m的陡崖
丹霞方山	山顶平缓，四壁陡立，呈城堡状的山块
丹霞单面山	山顶缓倾斜，有1～3个陡崖坡
丹霞石峰	由陡崖坡围限的锥状山块，有尖顶、平顶和圆顶等差别
丹霞石墙	长度大于2倍宽度，高度大于宽度的墙状山块；低缓者可称石梁
丹霞石柱	方形或圆形孤立石柱，高度大于直径；低矮者（小于直径）可称石墩
丹霞孤峰	散布于河谷平原和丘岗之上的风化、蚀余山峰；低矮者可称孤丘或孤石
崩积堆和崩积巨石	陡崖下崩落堆积体和巨石块；石块大小不同，单块巨石大可至上百立方米
峰丛、峰林	山峰的集群，其基座未被切割的为峰丛；其基座已被切割的为峰林

2. 负地貌

丹霞的主要负地貌形态分类见表 1-3。

表 1-3　丹霞的主要负地貌形态分类

类型		描述
丹霞沟谷	线谷和巷谷	沿构造断裂发育的谷壁基本平行的深谷。谷深/谷宽＞10，谷宽＜1m，仅容 1 人通过或人不能通过的称为线谷；谷宽 1～10m 的则称为巷谷
	峡谷	谷深大于谷宽，谷底宽度＞10m 的山谷，两侧谷壁较陡峻，谷壁呈 V 形，谷底平坦
	围谷	由弧形或平直崖壁围限构成向一侧开口的谷地
	深切曲流	河道蜿蜒曲折，曲率≥1.5，河谷呈峡谷状，两侧崖壁陡峭的河流
	宽谷	谷底宽度一般在数十米～百余米，两侧多为峰丛、峰林，有较大的河流流过
凹槽岩槽	垂直沟槽	垂直流水沿崖壁长期冲蚀而成的沟槽
	顺层凹槽	崖壁顺软岩层风化形成的浅槽，顺层可连续或不连续，槽深＜槽高，一般不可通行
	顺层岩槽	崖壁顺软岩层快速风化或水流侵蚀形成的深槽，深度＞槽高，顺层连续分布，一般可通行
	额状岩槽	岩槽进一步加深加高，形成开口较高、顶面较缓倾斜的岩槽
丹霞洞穴	大型单体洞穴	洞口宽度一般＞10m，且单独存在的洞穴
	壁龛式洞群	洞穴集群分布，单个洞穴洞口宽度一般为数米，洞穴形态各异
	蜂窝状洞穴	大小均匀、密集相连的微型洞穴群，状似蜂巢。单穴直径在 30cm 以下
	崩积叠置洞穴	崖麓的巨大崩积岩块相互堆叠形成的洞穴
	丹霞喀斯特洞穴	红层含钙质砾岩因溶蚀、潜蚀、崩塌而形成的洞穴
丹霞穿洞		贯穿山体的洞穴
石拱和天生桥		洞高大于洞顶岩层厚度的拱形穿洞
壶穴		在基岩河床上，水流挟带卵石或粗碎屑做旋转运动，磨蚀河床而形成的近圆形凹穴

1.2　龙虎山区域概况

1.2.1　地理位置

本书所提及的龙虎山的范围是以龙虎山世界地质公园为中心的大范围空间（以下简称龙虎山，包括龙虎山、象山、龟峰丹霞地貌区域），行政区划属于鹰潭市和上饶市。地理坐标范围：116°49′10″E～117°32′20″E，27°58′54″N～28°24′19″N。东西长约 70.5km，南北宽约 46.9km，总面积约 3310km^2。龙虎山位于江西省东北部，信江盆地西南缘，属武夷山脉北段的余脉，在地理位置上位于信江盆地的中段南缘，总体地势南高北低，属丘陵地貌区，区域海拔在 20～1310m 之间，丹霞地貌海拔多在 240～300m 之间，龙虎山区域内地势总体东南高，西北低。与此相对应，其地貌类型由东南向西北依次为山地、丘陵、河湖平原。龙虎山地区东南部基底为白垩纪火山岩，属中山地形，地形险峻挺拔。最高峰急剧上升至 1310m。组成山体的地层岩性主要为早白垩世陆相中酸性火山岩系。火山喷出的岩浆在冷凝、固结过程中形成了较多的柱状节理和裂隙，经构造变动、长期风化和流水冲刷侵蚀，形成了峰峦叠嶂、峭壁陡崖的火山岩地貌景观，流水飞流直泻，气势磅礴，颇为壮观。在晚白垩世时期，火山岩区是信江盆地的重要沉积物质来源区，如龙虎山丹霞山体的物质成分中含有大量的火山岩碎屑。丹霞地貌主要分布在低山、丘陵地带，山势陡峭，山谷切割深，其中，丹霞地貌主要集中分布在图 1-2 所示中的三个白色圆圈的范围内，从西到东分别对应着龙虎山园区（A）、象山园区（B）、龟峰园区（C）。这三个丹霞地貌区的总面积有 400 多平方千米，它们被认为是信江盆地南缘晚白垩世三个大冲积（洪积）扇的主体（姜勇彪，2010），都分布于东西向流动的大鄱阳湖流域的支流信江的南岸。信江河流域面积约 6168km^2，自西向东流经龙虎山地区。龙虎山丹霞地貌区有多条常年性河流流过。该地区

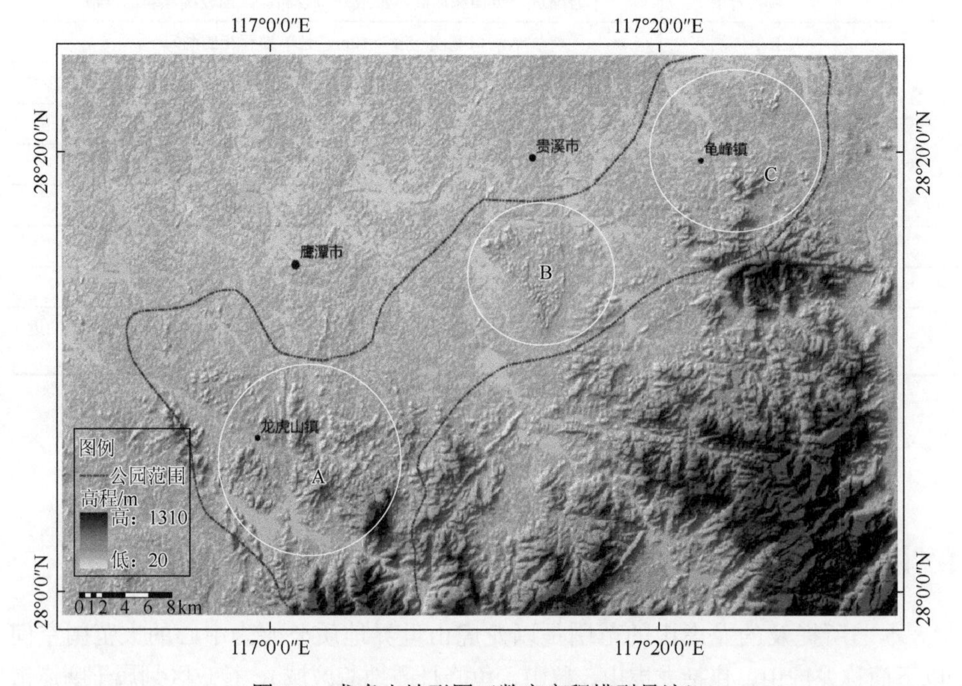

图 1-2 龙虎山地形图（数字高程模型晕渲）

图中 A、B、C 三个白色圆圈为三个主要的丹霞地貌集中分布区域（在龙虎山世界地质公园，这三个地区分别被称为 A 龙虎山园区、B 象山园区、C 龟峰园区），灰色线条内为龙虎山世界地质公园的范围

属亚热带湿润气候区。年平均气温 18℃，年平均降水量 1878mm，年平均蒸发量 1648.4mm。龙虎山丹霞地貌以石柱、塔峰、群峰、丘陵、零星孤峰、宽底谷、石林、残丘为特征。

1. 龙虎山园区丹霞地貌实例（在图 1-2 中位置标记为 A 区）

A 区（龙虎山园区）有许多塔状峰林峰丛，通常由垂直与倾斜的斜坡组成。峰林和塔峰沿泸溪河中游呈带状分布，绵延 20km。沿河两岸有以圆石峰为特色的丹霞帽，稀疏分布，在底部不相连（图 1-3）。岩壁上可观察到不同尺寸的洞穴发育。

图 1-3　龙虎山园区内丹霞地貌实景

陡崖是丹霞地貌的主要特征

2. 象山园区丹霞地貌实例（在图 1-2 中位置标记为 B 区）

在 B 区（象山园区），没有观察到塔状峰林。丹霞地貌以陡峭的崖壁、连绵的岩墙为特色。可观察到侵蚀岩槽发育在岩壁上，岩槽的延展方向沿层理面或垂直裂隙扩展（图 1-4，图 1-5）。

3. 龟峰园区丹霞地貌实例（在图 1-2 中位置标记为 C 区）

C 区（龟峰园区）以峰丛为主，发育良好的陡倾节理贯穿山体，可观察到岩石表面由差异风化而形成的蜂窝状洞穴群景观（图 1-6）。

2001 年 3 月，龙虎山被批准为国家地质公园，2007 年成为世界地质公园，2010 年作为老年早期的中国丹霞红层地貌发育阶段的模式地，与广东丹霞山、浙江江郎山、福建泰宁、湖南崀山、贵州赤水作为中国丹霞发育的六个模式地组合被列入联合国教科文组织“世界自然遗产名录”，为中国丹霞系列遗产地不可或缺的重要组成部分。

图 1-4　象山园区的丹霞崖壁及顺层槽

图 1-5　象山园区丹霞岩墙实例

图 1-6　龟峰园区丹霞地貌实景（丹霞峰丛）

1.2.2　区域构造背景

龙虎山位于华北古板块、扬子古板块与华夏古板块的结合带（图 1-7），属于西太平洋构造域、华南构造区、信江盆地红层的中段（图 1-8），南靠武夷山隆起带，北临信江河谷盆地（准平原化），信江是盆地中主要的支流，由东向西沿盆地中部穿流而过。信江盆地为中生代红色盆地，近东西向展布，位于武夷山脉和怀玉山脉之间的狭长谷地内，西起抚州东乡，东至上饶广丰，面积 3148km^2，东西长 180km、南北宽 10～40km（姜勇彪等，2011），其中上白垩统河口组（K_2h）、塘边组（K_2t）巨厚砂砾岩岩层是龙虎山丹霞地貌的成景地层和物质基础。信江盆地在信江河谷两侧主要为准平原化的低丘岗地，零星残留孤峰或孤石。在信江盆地的局部地区如龙虎山、龟峰等地仍保存有峰丛、峰林、孤峰、残丘等丹霞地貌。龙虎山及周边地区涵盖了自中元古界至第四系的连续地层记录，加里东运动导致南、北两大构造单元碰撞、拼接。受其影响，区内基底构造、盖层乃至中新生代盆地，均承袭了近东西的总体方向，并控制着不同时期盆地发育的类型与规模（吕少伟和李晓勇，2012）。

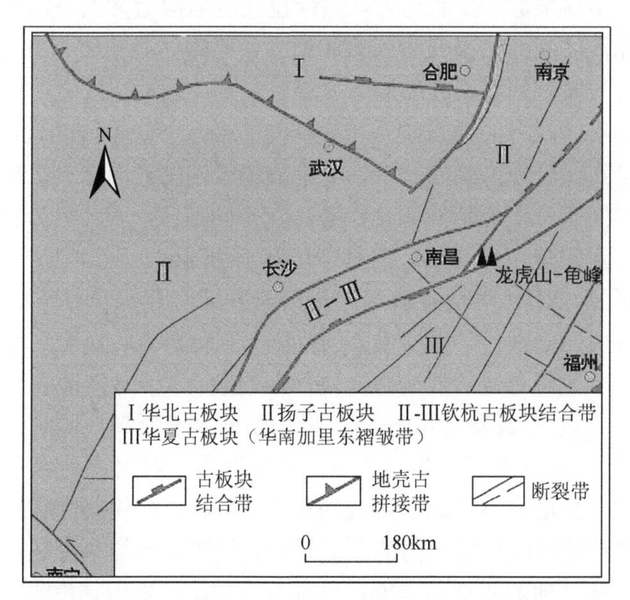

图 1-7　龙虎山所处大地构造位置（华南）

华夏古板块与扬子古板块在新元古代碰撞，于志留纪拼合稳定。华南与华北、印支等周边陆块在三叠纪拼合稳定，形成统一的中国大陆板块。中侏罗世以来，华南东部受到太平洋板块俯冲，形成北北东走向的岩浆构造活动带。东部的红层盆地强烈地受到这一构造带控制。华南西侧为自晚侏罗世以来冈底斯、印度板块相继强烈北移并与中国板块碰撞而形成的青藏造山带。龙虎山西部的前陆红层盆地（包括四川盆地）在这一构造活动背景下形成。

中侏罗世—早白垩世的燕山运动早期华南板块东部形成大陆边缘内侧型构造-岩浆活动带，南岭-武夷地区出现大规模的中酸性岩浆活动。板块东部由挤压转化为拉张构造环境，沿断裂发育了一系列的北东—北北东向的拉张裂陷盆地，广泛发育了内陆盆地相红层堆积。随着新近纪初期喜马拉雅运动的加强，这些红层盆地先后发生大规模、差异性抬升，遭受外动力作用的侵蚀切割，开始了现代丹霞地貌发育阶段。

由于受构造活动的影响，龙虎山区域地层分布有明显的界线，分布特点为西北新，东南老；西北简单，东南复杂。主要的出露地层有中元古界铁沙街岩组、周潭岩组；新元古界万源岩组、洪山组；中生界水北组、漳平组、如意亭组、梧溪组、打鼓顶组、鹅湖岭组、石溪组、冷水坞组、茅店组、周田组、河口组、塘边组和新生界第四系，其中河口组、塘边组是丹霞地貌的主要成景地层（图 1-8）。

龙虎山地区内岩浆岩也较为发育，发育有中奥陶世、晚志留世、晚三叠世、晚侏罗世和晚白垩世等不同时代的侵入岩。另外，还出露有较大面积的晚侏罗世中酸性火山岩，火山岩主要分布于信江盆地南部的北武夷山地区，是一次强烈的火山喷发事件的反映。早白垩世，在活动大陆边缘拉张裂陷构造背景下，火山岩喷发旋回以爆发碎屑流相流纹质熔结凝灰岩或流纹质含角砾熔结凝灰岩为主，喷溢相安山岩次之。该区具有喷发旋回多，火山构造完整且复杂，同期不同时、同时不同喷发中心的火山机构和不同成分的喷发物互相叠加与穿插，形成不同的火山构造的特点。在时间上，从早到晚表现为酸性—中性—中酸偏碱性的岩石序列；在空间上，由西而东喷发起始时间有逐渐变新的演化趋势。在不同地区，受不同方向断裂的控制，岩性岩相存在一定的差别，展布方向总体呈近东西向。

印支期挤压造山事件对信江盆地的形成与发展有着异乎寻常的革命性影响与作用，导致区内晚三叠世—早侏罗世山间拗陷型盆地形成，白垩纪也由早白垩世陆相火山岩和晚白垩世红色碎屑岩构成先拗后断的叠合型盆地。晚白垩世断陷盆地的形成主要受控于移坡山-黄塘夏家-羊角尖近东西向盆缘断裂，同时又受北东或北北东向（婺源-宁都-安远大断裂的组成部分）与北西向一对 X 形大断裂制约，使得盆地南缘呈锯齿状，并造成不同地区形成的岩性、岩相、沉积旋回和沉积构造等存在一定差异，故在不同地区形成不同的地貌景观。信江盆地的南缘是丹霞地貌发育比较集中的地方，从盆地的西部到东部，分别有龙虎山、象山、龟峰、仙年寨、九仙山和六石岩等丹霞地貌集中分布区。这些地区的红层主要是赣州群茅店组或龟峰群河口组巨厚层砾岩、含砾砂岩和砂岩（姜勇彪，2010）。

信江盆地是中国大陆东南部湿润低山丘陵型丹霞地貌区，其中龙虎山地区丹霞地貌更是类型多样和景观独特，是我国丹霞地貌发育典型代表区域之一，于2010 年入选中国丹霞系列遗产地，为研究丹霞地貌提供了很好的模式地。

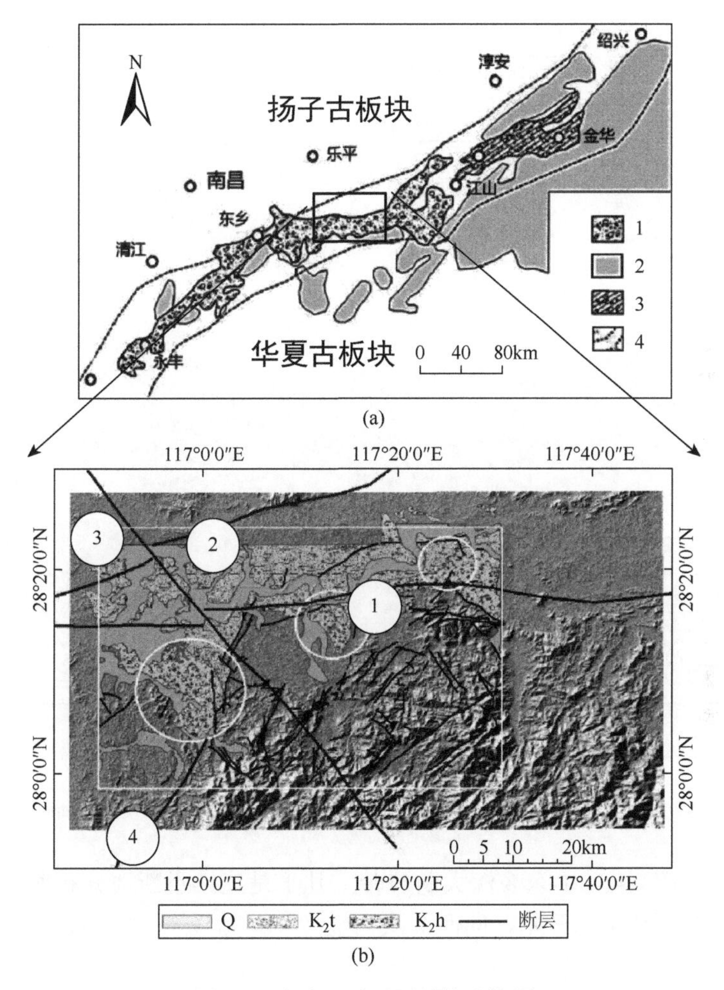

图1-8　龙虎山地区区域构造简图

（a）中1为信江盆地红层（K_2—K），2为火山沉积盆地（J—K），3为金华-衢州红层盆地（K_{12}—K_2），4为扬子-华夏古板块构造带（赣杭构造带）；（b）中白色圆圈内为白垩纪三个冲洪积扇主体，丹霞地貌集中分布区域（自西至东分别为龙虎山、象山与龟峰），①为江山-绍兴断裂，②为东乡-德兴断裂，③为永修-鹰潭断裂，④为鹰潭-安远断裂。根据姜勇彪（2010）、江西省地质矿产局（1984）修改

龙虎山区内规模断层相交，包括江山-绍兴断裂（Jiangshan-Shaoxing Fault，JSF），简称江绍断裂；德兴-东乡断裂（Dexing-Dongxiang Fault，DDF）；永修-鹰潭断裂（Yongxiu-Yingtan Fault，YYF）；鹰潭-安远断裂（Yingtan-Anyuan Fault，YAF）。新生代以来，北北东向构造，特别是鹰潭-安远断裂带，对龙虎山地区地质地貌的形成与发展有着重要影响。由于处于中生代板块碰撞结合部，并经历了新生代以来的新构造运动，区内产生了大量的断层。依据其走向可分为北北东向、北东东向、北东向、近东西向和北西向5组断层（图1-9，表1-4）。根据数字化地质图作的区域断裂玫瑰花图（图1-10），可以清楚看到，区域内的断裂带有明显的北东向趋势。

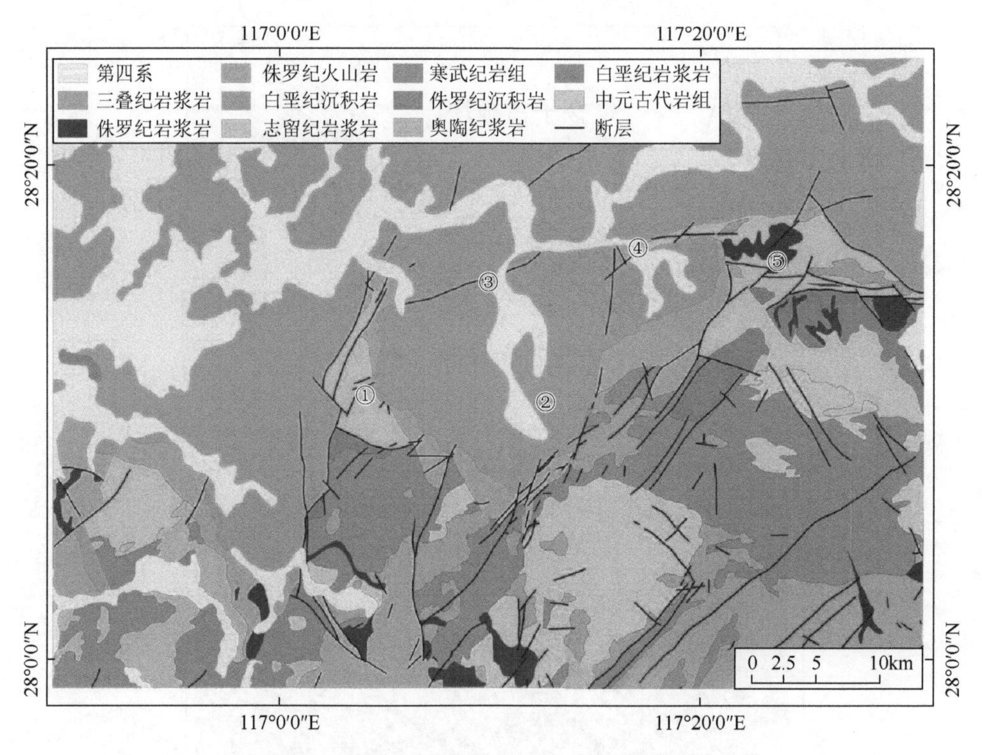

图 1-9 龙虎山区域地质简图（彩图见附录）

根据龙虎山世界地质公园地质图修改。①北北东向；②北东东向；③北东向；④近东西向；⑤北西向

在著名的绍兴-江山-东乡深大断裂带上几乎是连续不断地分布着白垩系—古近系红层。东面从义乌开始，向西依次为金（华）衢（州）盆地、江山盆地及信江盆地等（图 1-8）。

表 1-4 龙虎山区域内主要断层统计（姜勇彪，2010）

断层编号	分布	总体走向	宽度	长度	产状	其他
①	贵溪市邮路-石壁林家	北北东向	100～275m	20km（龙虎山范围内）	倾向 205°～320°	属于婺源-安远大断裂的组成部分，长期活动性
②	贵溪市闵家-马鞍岭	北东东向	40m	10km	东段倾向北，倾角 70°；西段倾向南，倾角 85°	密集节理和构造透镜体发育
③	洋泥湾-梁溪周家	北东向	300m～2km	10km	—	断层岩分带明显，为张性正断层
④	弋阳县移坡-羊角尖	近东西向	数米至十余米，最宽 100m	20km	倾向南，倾角 60°～80°	具多期次活动特点
⑤	弋阳县（铅山县）上荷—陈国达家	北西向	数米，局部达十余米	可见延长大于 1km	倾向北东，倾角 70°～75°	断裂性质以平移为主，兼有正向或斜向滑动，并具有多期次活动特点

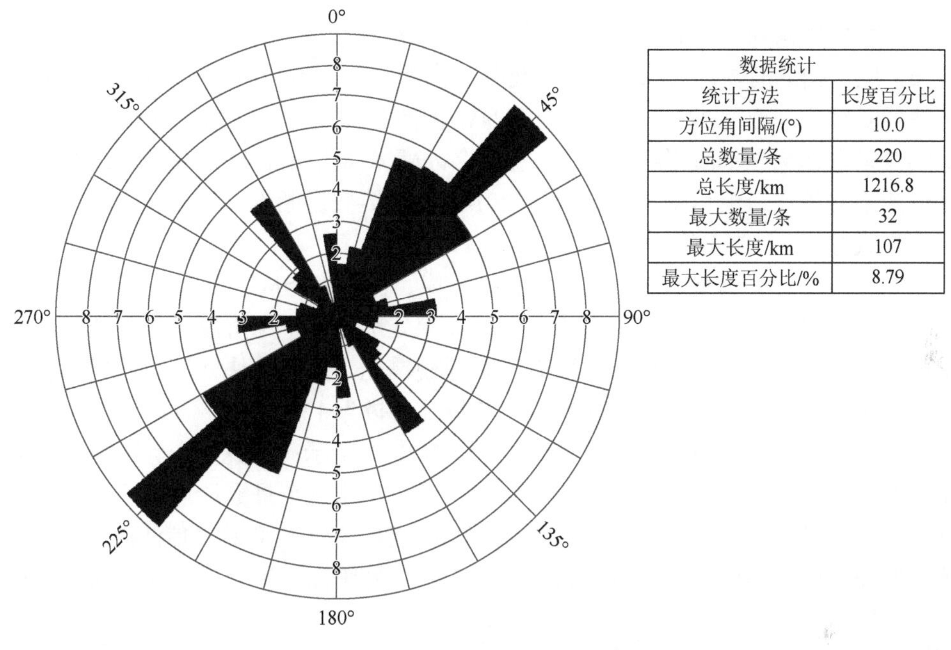

数据统计	
统计方法	长度百分比
方位角间隔/(°)	10.0
总数量/条	220
总长度/km	1216.8
最大数量/条	32
最大长度/km	107
最大长度百分比/%	8.79

图 1-10　龙虎山区域断裂玫瑰花图

龙虎山地区内分布有 4 条区域性断层。它们分别是近东西向的江山-绍兴断裂；北东向的德兴-东乡断裂；北西向的永修-鹰潭断裂；北北东向的鹰潭-安远断裂（江西省地质矿产局，1984；Shu and Charvet，1996；图 1-9）。这些断层将信江盆地内的地层分割成更小的断块（谢爱珍，2001）并使红层断裂。江绍断裂是一条著名的深断裂带，它界定了新元古代扬子地块和华夏地块之间的边界（Chen et al.，1991；Deng et al.，1997）。在不同的文献中，江绍断裂的长度分别被介绍为 500km（Wang and Shu，2012）、800km（Guo，1998）和 2000km（Zhao and Cawood，1999）。江绍断裂通常呈现北东和近东西走向，在整个龙虎山区域内呈近东西走向。

该断层在二叠纪（胡世玲等，1993）呈现右旋走滑运动，在 2.23 亿年前左右的三叠纪，该断层重新活化，为左旋剪切（Wu，2005）。早白垩世时期，江绍断裂形成逆冲断层（Wu，2005）。晚中生代—古新世以来，沿江绍断裂带形成了一个大型陆内裂谷盆地，其中充填了红层（邓平等，2002）。北东走向的德兴-东乡断裂标志着元古界两个地体的缝合带，长约 400km，宽 30～40km（Ye et al.，1998）。德兴-东乡深断裂又称赣东北断裂（Ye et al.，1998）或东乡-涉县断裂带（Shu and Charvet，1996）。在龙虎山地区以外的德兴-东乡断裂东北段，存在一个沿德兴-东乡断裂分布的上元古代蛇绿岩混杂岩带（Liu et al.，1989）。北西向鹰潭-永修断层又称余干-鹰潭断裂，断层约 150km，走向 NW320°。据卫星影像解译，鄱阳湖水域的南西边界和余干-鹰潭断裂的信江河道按同一方向 NW320°呈一直线展布，线性构造清晰。在该断裂北西延伸方向的广济，1972 年瑞昌 M_L 4.0 级地震等震线长轴方向亦为 NW，它们均与该 NW 向断裂构造的走向相吻合（熊孝波等，2008）。北北东向深部鹰潭-安远断裂，被命名为鹰潭-定南断裂（Huang et al.，2014），它形成于克拉通造山运动（Dai et al.，2014）。鹰潭-安远断裂，可从航空照片和地震层析成像实验中检测到（Huang et al.，1993）。

龙虎山发育有典型的丹霞地貌，包括悬崖、台地、峰丛、峰林、孤峰、峡谷、洞穴等。彭华（2009）认为，龙虎山丹霞地貌处于老年早期阶段，丹霞地貌以陡峭的悬崖为特征。龙虎山地区主要有四个地貌单元。武夷地块（又名武夷山脉）位于龙虎山东南部，在龙虎山区域内，其最高海拔为 1310m。

龙虎山三个集中的丹霞地貌区域（如图 1-11 中所示：A 龙虎山、B 象山和 C 龟峰）受武夷山北段山前北东向边缘断裂控制。在这三个丹霞地貌集中区之间是红层低地（图 1-2，图 1-11），属于冲洪积扇的扇缘（端）沉积相。信江河从东向西流，在龙虎山地区的北边与中国最大的淡水湖（鄱阳湖）汇合。沿信江河，在丹

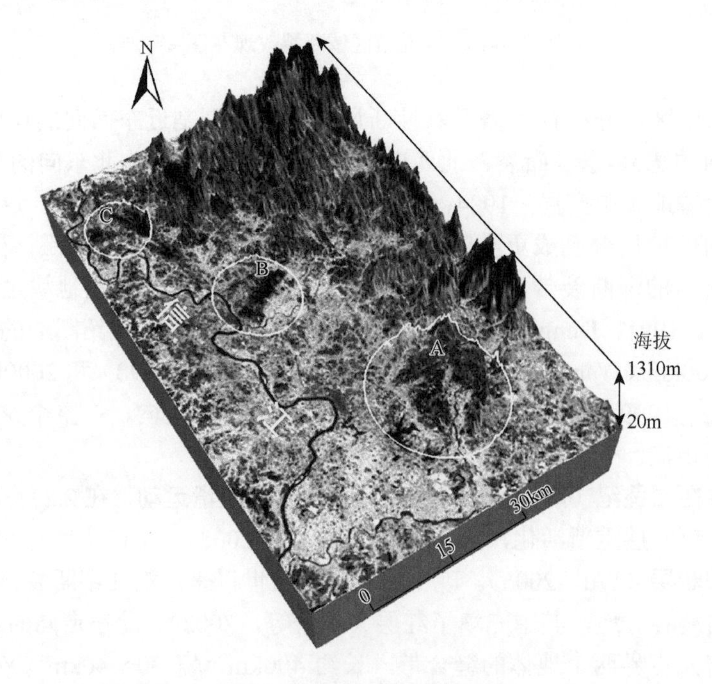

图 1-11　龙虎山地区斜视图

图中显示了 A、B、C 三个丹霞地貌集中区的相对位置，此模型由快眼（RapidEye）卫星生成的遥感图像叠加在数字高程模型上生成

霞地貌三大集中分布地区以北，是信江河漫滩。城镇沿着河岸发展，总体地势南高北低。丹霞地貌的最高峰在 C 区（龟峰园区），海拔 401.1m。

1.2.3 信江盆地地层特征及丹霞地貌成景地层

1. 信江盆地地层特征

龙虎山所处的信江盆地及其外围地层出露较齐全，包括中元古代、新元古代、中生代及新生代沉积，地质演化历史复杂。信江盆地的白垩纪地层发育完整（表 1-5），尤以晚白垩世陆相红色岩系分布最为广泛，层序清楚，特征明显，其中河口组（K_2h）、塘边组（K_2t）红色碎屑岩是丹霞地貌造景层位或载体。

表 1-5　龙虎山地区地层简表（根据江西省国土资源厅，2007 修改）

<table>
<tr><th colspan="3">地质时代</th><th colspan="3">岩石地层及代号</th><th>岩性</th><th>构造环境</th><th>沉积环境</th><th>地貌表现</th></tr>
<tr><td rowspan="3">新生代</td><td rowspan="3">第四纪</td><td>全新世</td><td colspan="2">联圩组</td><td>Qhl</td><td>灰白色砾石层、浅黄色亚黏土、亚砂土，产孢粉。厚 3～10m</td><td rowspan="3">差异升降</td><td rowspan="3">河流</td><td rowspan="3">河谷平原</td></tr>
<tr><td rowspan="2">更新世</td><td colspan="2">莲塘组</td><td>Qp_3lt</td><td>下部为浅灰色砾石层，上部为棕红、棕黄、灰白色亚黏土层。厚 2～13.19m</td></tr>
<tr><td colspan="2">进贤组</td><td>Qp_2jx</td><td>上部为棕红色网纹状黏土；下部为灰白色砂、砂砾石层。厚度 9.1～19m</td></tr>
<tr><td rowspan="7">中生代</td><td rowspan="6">白垩纪</td><td rowspan="5">晚白垩世</td><td rowspan="3">龟峰群</td><td>莲荷组</td><td>K_2lh</td><td>紫红色砾岩、砂砾岩、含砾砂岩、细砂岩、粉砂岩。厚度＞1600m</td><td rowspan="3">拉张断陷</td><td>河流</td><td>红层丘陵</td></tr>
<tr><td>塘边组</td><td>K_2t</td><td>砖红色含钙细砂岩、粉砂岩。产恐龙蛋等化石。厚 462m</td><td>风成沙丘</td><td rowspan="2">丹霞地貌</td></tr>
<tr><td>河口组</td><td>K_2h</td><td>紫红色砾岩、砂砾岩、含砾砂岩，夹砂岩、粉砂岩。产恐龙蛋、恐龙骨骼等化石。厚度 687m</td><td>洪-冲积扇、河流</td></tr>
<tr><td rowspan="2">赣州群</td><td>周田组</td><td>K_2z</td><td>紫红色钙质砂岩、粉砂岩，含石膏、含钙和芒硝。产植物、介形虫等化石。厚度 650m</td><td rowspan="3">碰撞挤压与拉张裂陷</td><td>滨浅湖</td><td rowspan="2">红层丘陵</td></tr>
<tr><td>茅店组</td><td>K_2m</td><td>紫红色砾岩、砂砾岩、含砾砂岩、粉砂岩，局部夹玄武岩。产植物、硅化木等化石。厚度 830m</td><td>河流</td></tr>
<tr><td>早白垩世</td><td colspan="2">武夷群</td><td>KW</td><td>流纹质熔结凝灰岩、球泡流纹岩、安山岩、英安岩、集块角砾岩、含角砾凝灰岩及砂砾岩、含砾砂岩、凝灰质砂岩、粉砂岩等。这套火山岩年龄介于 138～130Ma 之间，含双壳类等。厚＞8785m</td><td>爆发、喷溢、溢流及火山湖盆</td><td>中山、低山及丘陵</td></tr>
<tr><td>侏罗纪</td><td>早-中侏罗世</td><td colspan="2">林山群</td><td>JL</td><td>底部为砾岩、含砾砂岩；下部砂岩、粉砂岩、泥岩，夹碳质页岩、煤线；上部为灰紫砂岩与粉砂岩、泥岩互层。产植物、双壳类等化石。厚＞636m</td><td>拉张拗陷</td><td>河湖</td><td>丘陵</td></tr>
</table>

续表

地质时代			岩石地层及代号		岩性	构造环境	沉积环境	地貌表现
古生代	寒武纪	早寒武世	外管坑组	$Є_1w$	黑色含炭岩系，普遍富硅，含磷结核、黄铁矿结核、重晶石结核（或条带）。厚 636m	陆间海	海湾	丘陵
新元古代				Pt_3	火山碎屑岩、泥砂岩质、冰碛岩、含硅铁质岩石及海相基性-酸性火山熔岩等。厚＞3027m	裂谷	滨浅海-次深海	
中元古代				Pt_2	以泥砂质沉积为主的类复理石建造，夹细碧-石英角斑岩建造。厚＞1300m			

2. 龙虎山丹霞地貌成景地层

龙虎山丹霞地貌是“中国丹霞”系列世界自然遗产的重要组成地，也是“中国丹霞”系列世界自然遗产中的老年期丹霞的典型代表，主要由宽谷河流侵蚀形成的疏散型丹霞峰林、雨水侵蚀密集型丹霞峰林及象形丹霞组成。龙虎山与“中国丹霞”系列世界自然遗产的其他模式地具有外观表象的相似性和成因及演化的相关性，但又有独特性。龙虎山具有与众不同的又极具自然价值的丹霞盆地、丹霞地质、丹霞生态、丹霞文化等地质、地貌、生态现象或自然地域组合特征，是“中国丹霞”系列世界自然遗产地中丹霞地貌演化过程老年早期阶段丹霞的代表地，具有与众不同的丹霞形态组合特征和杰出的碧水丹山式自然美。

在龙虎山区域，主要成景地层为晚白垩世龟峰群河口组与塘边组（表 1-6）。晚白垩世红色岩系是活动大陆边缘进一步拉张裂陷后的产物。赣州群的茅店组至周田组是山麓洪冲积相—河湖相的一套红色碎屑岩沉积，两组之间是继承连续关系。在正常沉积序列中，龟峰群河口组普遍表现为平行不整合于下伏周田组之上；而在盆地边缘，龟峰群河口组底部常超覆于下白垩统之上。区内上白垩统河口组、塘边组红色碎屑岩系特征最为突出，是丹霞地貌造景层段或载体。河口组是冲积扇体的主体。丹霞地貌主要发育于沿信江盆地南缘分布的河口组，被密集的盆地边缘断裂切割。塘边组分布较广，进一步向 A、B、C 区北部延伸。河口组为山麓洪冲积扇-辫状河沉积组合，是冲积扇体的主体（表 1-6），并超覆于其他时代地层之上，反映了周田组沉积之后，本区一度上升，盆地周边的山地遭受剥蚀。扇体纵向上互相叠置，横向上相互联结组成扇体群，物质组成随形成环境和物源区的不同而有差异，总体属“岩屑砾岩”。其岩性组合为冲积扇相的巨厚层的砾岩、砂砾岩和砂岩，该组以铁质胶结物为主，可溶性成分含量极低，不易发生溶蚀作用。该组广泛分布于信江盆地的南部和中北部地区，其中以鹰潭龙虎山和弋阳南部地区最典型。

表 1-6　龙虎山地区白垩纪地层表

地质时代		地层单位		厚度/m	柱状图	图例
白垩纪	晚白垩世	龟峰群	莲荷组	＞1600	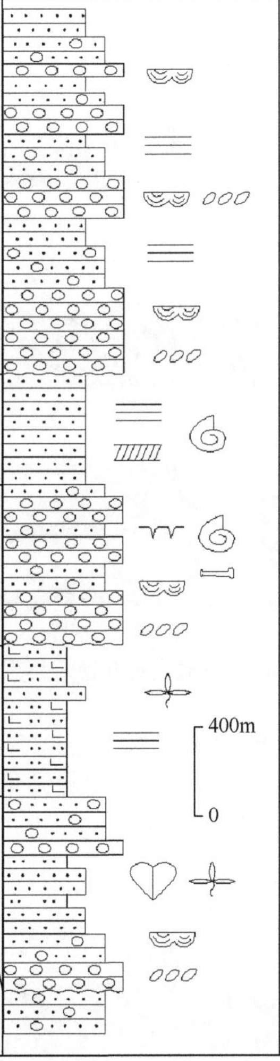	砾岩 含砾砂岩 砂岩 粉砂岩 含钙粉砂岩 叠瓦状构造 槽状层理 平板状交错层理 平行层理 龟裂 植物 双壳类 恐龙蛋 恐龙骨骼
			塘边组	462		
			河口组	687		
		赣州群	周田组	650	400m 0	
			茅店组	830		
	早白垩世	武夷群				

河口组形成的丹霞地貌以石寨、石墙、峰林、石峰、石柱、石崖、巷谷、一线天、造型石等景观类型为主，丹霞地貌主要发育于沿信江盆地南缘分布的河口组，被密集的盆地边缘断裂切割。

塘边组主体岩性为砖红色块状细粒岩屑杂砂岩、粉砂岩。其岩性为河流-湖泊相的砂岩、含砾砂岩，为间歇性的网状河和常年性的山谷支流汇入盆地中心形成的曲流河道沉积。局部发育大型交错层理，分选、磨圆度较好。通过对细粒砂岩沉积结构、构造和石英砂颗粒表面特征等方面的研究，判断其局部地区应属风成沙丘沉积，沉积构造可见大型、巨型平板状交错层理，单个层系厚度一般都有 2～3m，以 10～20m 者居多（表 1-6）。姜勇彪等（2011）提出了塘边组及其他少部分地区的风成成因，表明该地区晚白垩世为干旱古气候，该组形成的丹霞地貌以峰林、峰丛、造型石居多（图 1-12）。

图 1-12　龙虎山丹霞地貌系列实例

龙虎山形成丹霞地貌的红层倾角一般为 10°～25°，山体常形成缓丘陵状山顶面；而受主断裂和边界断裂影响较大部位的地层倾角可达 20°～25°或稍陡，山体多形成一面断壁陡崖坡短而另一面缓倾斜坡长的单面山，如龟峰的展旗峰（图 1-13），龙虎山区域的醉猴（图 1-14）。

图 1-13　丹霞单面山（龟峰的展旗峰）

图 1-14　丹霞石峰（醉猴）

根据龙虎山申报自然遗产地申报文本，对龙虎山丹霞地貌从形态上分类，将龙虎山丹霞地貌类型归纳为正地貌、负地貌（表 1-7），并对主要的典型的正负地貌统计如下。

表 1-7　龙虎山地区丹霞单体形态类型及实例

系列	序号	类型	实例名称	实例位置	实例特征
丹霞正地貌	1	丹霞崖壁	云锦峰	116°58′14″E 28°14′21″W	临江而立的巨大陡立石崖，海拔 204m。山体走向北西，崖顶距水面高约 150m，宽幅 300 余米，外形基本对称。崖壁留有流水溶蚀形成的波状垂向溶沟和较密集洞穴。鸟巢、鸟粪将崖壁点缀得五彩斑斓，像一幅巨大的锦毯垂天而下
	2	丹霞方山	仙人城	116°57′22″E 28°15′11″W	屹立于泸溪河西岸，海拔 244m，相对高度约 180m。流水长期沿近 EW、NNW 向断层、节理冲蚀，导致原始山体被切割分离为石寨。其山顶平缓，近于圆形，面积大于 5000m^2，四面岩壁陡峭
	3	丹霞单面山	展旗峰	117°23′54″E 28°19′08″W	海拔 110m。其缓坡倾向北西，坡角 20°～25°，长 300～500m，顶面较平整；陡坡短而陡，倾向南东，坡角 75°，长 20～30m
	4	丹霞石墙	舍身崖	117°24′10″E 28°18′47″W	海拔 289m，相对高度约 175m，宽 24m，厚 120m，南北走向。因北东、北西向两组节理切割，使得山体四面壁立，似平地拔起
	5	丹霞石柱	金枪峰	116°57′13″E 28°17′58″W	海拔 118m。水流沿山体周围几组垂直节理冲刷并产生崩塌，巨大山体最后残留成孤立石柱，石柱平地拔起，直刺苍穹
	6	丹霞石峰	仙桃石	116°57′38″E 28°15′35″W	海拔 95m，相对高度约 45m。原有石峰的底部受流水冲蚀内缩而引发崩塌，形成中部外凸的桃形石峰，后因西侧节理面发生局部崩塌呈残缺状

续表

系列	序号	类型		实例名称	实例位置	实例特征
丹霞正地貌	7	丹霞低山		骆驼峰	117°24′11″E 28°18′18″W	此峰高大雄峻，为龟峰景区最高峰，方圆数十里可见，海拔410m，相对高度约330m，走向NE，石梁长近1000m，宽约25m，其周边均为悬崖绝壁，横切石梁的垂直节理使其呈波状起伏，犹如驼峰，整体形态犹如一只负重东行的骆驼
	8	丹霞丘陵		龙门湖	117°24′42″E 28°19′34″W	丹霞丘陵是发育在信江河谷平原南岸的低缓丘陵红层地貌，海拔59m。南岩、双岩、龙门岩和仙女坪、龙源峡、海螺峰、骏马峰、巨象峰等散布在U形的龙门湖湖畔，湖山相融。山峰峰顶均浑圆化，无连续陡崖坡。该地貌是老年期丹霞的典型代表
	9	丹霞孤峰		孝子哭坟	117°25′04″E 28°19′16″W	长期的流水冲刷侵蚀，使山体周围沿几组垂直节理发生崩塌，巨大山体最后残留有一大一小两座相距百米的孤峰和孤石。大的峰高121m（孤峰），形若石墓，名“石墓峰”，小的峰高33m（孤石），像一跪着的“孝子”，称“孝子峰”，两峰相互掩映，相得益彰，情景动人
	10	丹霞孤石				
	11	崩积堆和崩积巨石		莲花石	116°57′33″E 28°15′41″W	从仙桃石石峰崖壁崩塌下来堆积于泸溪河中的岩块破碎成棱角状，堆积岩块高出水面3～5m，岩块棱角朝上组合成莲花花瓣状，似莲花绽放，故名“莲花石”
	12	象形丹霞		象鼻山	116°58′08″E 28°15′49″W	水流沿石梁几组节理冲刷、溶蚀形成竖直小洞穴→进一步冲刷、溶蚀和崩塌，使洞穴扩大→蚀穿石梁形成穿洞→石梁顶部及穿洞前端残留岩柱风化、剥落成弧形弯曲，组合成巨大的石象景观，被誉为“天下第一旱象”
丹霞负地貌	13	丹霞沟谷	线谷	龟峰一线天	117°23′50″E 28°18′52″W	位于天然三叠东侧，系三叠龟峰、卧牛峰并立而就的U形谷，峰壁陡峭，平直幽深，光天一线。两峰相距不足1m，窄处只容一人侧身而过，谷深约100m，长68m，由流水沿走向65°节理冲刷、侵蚀而成
			巷谷	仙岩	116°57′22″E 28°15′06″W	是一条将仙人城与河豚堡两座巨大山峰分开的一大型U形谷，长约1km，宽约50m，深约200m，走向75°。两侧崖壁陡立，平直幽深，光天一线，犹如刀剑把山劈开的一大石缝，崖壁上穴、坑、洞众多，颇为壮观
			宽谷	泸溪河	116°57′33″E 28°15′41″W	发源于福建光泽原始森林，全长286km，流经景区43km，是一条受北西向断层和多组节理控制而形成的河谷，碧水绕丹山，流水冲刷侵蚀，“雕琢”了两岸丹崖和圆顶方山峰林，构成了一幅独具活力和魅力的丹霞山水画卷
	14	顺层凹槽		马脊山	116°56′28″E 28°19′31″W	以马祖岩陡崖上的岩槽较为典型，坚硬岩层凸起，顺软岩层风化溶蚀形成的凹槽较浅，平行发育的具一定延伸的浅凹槽共有5～7层
	15	顺层岩槽		仙姑庵	116°57′22″E 28°15′06″W	差异风化溶蚀导致软弱岩层不断掏空，上覆较坚硬岩层又因失去承载体产生崩塌，长期发展形成了顺层分布的岩槽，槽底较平坦。槽内发育有扁平洞，洞顶呈平缓的拱状。仙姑庵洞洞长40m、高10m、进深40m。有的扁平洞中放置有春秋战国时期岩棺
	16	丹霞洞穴	风化	仙岩	116°57′30″E 28°15′40″W	崖壁因岩层抗风化能力的差异和溶蚀与崩塌，形成了串珠状顺层分布的洞穴。大致可分三层，最底层距地面或水面30～40m。单个洞穴长一般1～5m，高0.5～2m，进深0.5～2.5m，呈长条状、扁圆状、椭圆状。洞内放置有2600年前春秋战国时期古越族人棺木和随葬品

续表

系列	序号	类型		实例名称	实例位置	实例特征
丹霞负地貌	16	丹霞洞穴	侵蚀	南岩佛洞	117°26′03″E 28°22′09″W	丹崖赤壁在长期的流水侵蚀、风化溶蚀等的作用下，近水平延伸的红色含钙砂岩向内凹进形成扁平状洞穴。南岩佛洞洞门宽70m、高30m、进深30m，依岩环列成半圆形，可容千余人。洞内经人工开凿有佛教石窟，现存石龛40座，摩崖石刻10余处，是中国最大的利用自然洞窟开凿的佛教石窟
			崩蚀	马脊山	116°56′28″E 28°19′31″W	岩槽内因局部岩层（块）被冲蚀或侧蚀掉，槽顶岩块失去承载体产生自由崩落形成空洞，崩积物堆积于槽底
	17	丹霞穿洞	风化	河豚堡	116°57′14″E 28°15′01″W	海拔140m。沿石墙两侧同一较软弱缓倾斜岩层相向风化、溶蚀成扁平状洞穴→进一步发展伴随崩塌使洞穴扩大→蚀穿石墙形成扁平状穿洞。洞长5～70m、高5m、宽8m
			崩积	福地门	116°58′04″E 28°15′38″W	从陡崖壁上崩落并堆积于山麓的巨大崩积岩块呈架空状，底部较细小的破碎岩块和砂石被流水冲刷掉而留下岩块间巨大空洞。此洞穴长约30m，宽1～2m，两侧连通，人弯腰可以穿行
	18	丹霞石拱		龟峰仙人桥	117°23′16″E 28°18′34″″W	石桥呈近东西走向，高架于山峦之中。西部崖壁陡峭，壁立10m，东部坡缓，可缓步直达岩顶，桥顶面积20m²。桥体由紫红色巨厚层状砂砾岩构成
	19	蜂窝状洞穴		雄霸天下	117°23′58″E 28°18′27″W	长期的流水冲蚀和风化溶蚀，使原始山体沿垂直节理面裂解崩塌形成了独立残留石柱。石柱高近100m，四周绝壁。柱体与基座均发育有大小不一、形态各异的洞、坑、穴，形似蜂窝。洞体长一般0.2～1m，高0.2～0.5m、深0.1～0.5m
	20	壁龛式洞群		天鹅湖	116°56′16″E 28°18′59″W	崖壁因岩层抗风化溶蚀能力的差异，形成顺层分布的洞穴群，各洞穴紧密相连，且大洞中套叠小洞。单个洞穴大小悬殊，一般长1～4m，高0.5～2m，进深0.5～2.5m，呈近圆形、椭圆形和不规则形。洞内放置有2600年前春秋战国时期古越族人棺木和随葬品
	21	丹霞壶穴		仙水浴池	117°25′38″E 28°22′03″W	丹霞壶穴是发育在龙门湖上游支流基岩河床上的凹形深穴，20m距离内共有7个，间断分布，口小肚大，口径一般0.5～1m
	22	竖向沟槽		展旗峰	117°23′54″E 28°19′08″W	海拔110m，山体两侧崖壁面因雨水侵蚀而发育有纵向沟槽和因溶蚀风化所形成的丹霞洞穴
	23	竖向洞穴		仙女岩	116°57′20″E 28°15′39″W	下跌的水流沿一走向330°的垂直张裂隙不断冲刷溶蚀，且水流对下部的冲刷能力较上部强，故形成了上小下大的竖状洞穴；又因洞底发育有“人”字形悬沟，酷似女性阴部与臀部，故名“仙女岩”。竖状洞穴高95m

3. 气象水文

龙虎山地区属于亚热带湿润季风气候大区江南气候区，冬季常受西北冷空气侵袭，具有大陆性气候特征。区内雨量充沛，大气湿度高，年平均降雨量为

1889.2mm，年平均相对湿度在 75%～80%；年平均蒸发量 1648.4mm。温暖湿润，具有四季分明的特点。年平均气温为 17.9℃，极端最高气温 40.7℃，最低气温 –8.6℃～7℃，1 月和 7 月平均气温分别为 5.3℃和 29.6℃。年均无霜期 262 天，年日照 1800～1900h，年平均日照 1820h，平均太阳辐射量 96.6～111.777 千卡[①]/cm^2。区内年平均降水日数 160 天，4～6 月为梅雨季节，7～8 月多雷阵雨，9 月至翌年 2 月为少雨季节。主要灾害性气候有低温、高温、干热风、霜冻、冰冻、暴雨、连阴雨、干旱、大风、冰雹等（江西省国土资源厅，2007）。

① 1 千卡≈4.1868×10^3J。

第2章　研究方法的创新与数据基本情况

2.1　戴维斯侵蚀循环理论及以往研究的局限性

侵蚀循环理论是由美国地理学家戴维斯于1884～1899年间提出的一种地形发育理论。戴维斯的侵蚀循环理论一直受到一些质疑，因为地貌应该是多成因的，而不是多旋回的（Horton，1932；Kirkby and Chorley，1967；Langbein，1947；Strahler，1964）。事实上，现代地貌学很少或根本没有戴维斯的思想。青年—壮年—老年序列以及与各阶段相关的地貌是否真的存在是值得怀疑的。彭华（2009）在野外观察与等高线估算侵蚀量的基础上，根据侵蚀地块比例，总结了各阶段的地貌特征。他还以中国东南部6处典型丹霞地貌遗迹为模式地，来反映丹霞地貌完整侵蚀循环演化过程。然而，这种分类体系和以往的研究大多都停留在基于定性的评价基础上，缺少具体的定量评估。

丹霞地貌在中国作为一个独立地貌类型的研究可追溯至20世纪20年代末，经历了初创、成型和发展三个阶段，作为地貌学一个新的分支领域，丹霞地貌研究已日趋成型。但总体而言，当前国内对丹霞地貌的研究"广度尚可，深度不足"，已发表的著作或论文偏重宏观、定性的描述和推论，研究内容多以概念讨论、形态特征描述、空间分布、分类体系、演化阶段定性划分，以及旅游资源评价和开发等为主，真正着眼于红层岩性特征、地貌发育演化过程等丹霞地貌基础科学问题的研究并不多。

梁诗经等（2007）对泰宁丹霞地貌区不同类型洞穴进行了调查，提出河流侧向侵蚀、地表水流冲刷、地下水和裂隙是洞穴发育的控制因素。周学军（2003）和齐德利等（2005）分析了中国丹霞地貌的不同格局及其空间分布，并绘制了中国丹霞地貌分布图。其他早期的研究主要集中在景观资源调查和旅游开发上（曾昭璇和黄少敏，1978；郝诒纯等，1986；Chen et al.，1991；彭华，2011）。

近年来，有学者利用释光测年法、红层岩石理化特性分析等对国内的丹霞地貌发育机理研究进行了新的尝试，标志着国内丹霞地貌研究正逐渐转向微观定量研究。例如，黄进通过分析丹霞地貌区河流阶地冲积物样品的热释光或光释光年龄，来研究丹霞地貌区地壳上升速率，进而推算丹霞地貌年龄、崖壁后退速度以及侵蚀速度等（黄进，2003，2006）；朱诚等（2009）对浙江江郎山亚峰垂直贯穿于丹霞地貌岩层永康群中的辉绿岩脉标本进行K-Ar法测年，认为当地峡口红层盆地抬升的时代为晚白垩世（77.89±2.6Ma B.P.），然而，这些测年数据并不能认为是红层盆地抬升的年代，只能说明这是红层盆地形成的最小年龄，因为岩脉侵入事件可能发生在红层堆积后、盆地抬升前。辉绿岩脉的年龄只能提供红层盆地形成的最小年龄。它的年龄可能与红床的抬升年龄无关。梁百和等（1992）在研究粤北金鸡岭丹霞地貌成因时，从红层岩石学角度论证岩石特征与丹霞地貌发育的关系，指出中等岩石成分成熟度、组分有一定可溶性及中等成岩强度的岩石特征有利于丹霞地貌的发育；朱诚等在广东丹霞山、浙江江郎山、湖南崀山等多个丹霞地貌区采集岩块样品，在实验室测定其矿物成分和含量，并进行抗压、抗冻融、抗酸侵蚀实验，获取相关数据，研究试图使用定量方法分析红层岩体在不同条件下的抗侵蚀能力及其对丹霞地貌发育的影响。Zhang 等（2011，2013）利用数字高程模型研究了丹霞山地区丹霞盆地的形态计量学和面积-高程分析。他们试图从流域侵蚀地貌的角度来看待地貌发育，从遥感图像中提取河流纵剖面和横向河道形态。他们对丹霞山流域进行了形态分析和浅层测量。结果表明，局部侵蚀使现有裂隙加深，形成深谷和窄谷，而长期侵蚀则形成大而平缓的分水岭。欧阳杰等（2011）试图从中国东南部丹霞地貌的 4 个地点探索岩性与丹霞地貌发育的关系。他们对采自广东丹霞山、湖南崀山、福建泰宁、江西龙虎山等地的 137 个砂岩岩心进行了抗压、耐酸、抗自由冻融试验和一系列人工岩心试验。通过改变外部条件，了解不同岩性对丹霞地貌发育的影响。欧阳杰等从岩石的物理组成和结构上看，砂岩普遍具有较高的钙碎屑含量，裂隙众多，并且更容易渗入方解石脉中，且晶体碎片容易碳化，并大多胶结在其中。相比之下，砾岩中含有更多的火山凝灰岩高温重结晶碎片、含石英结晶碎片的玻璃熔岩和变质岩碎片。结晶块间存在碳酸钙，使砾岩的单轴抗压强度和抗硫酸、冻融性普遍高于砂岩。

姜勇彪等（2011）对丹霞地貌形成景地层塘边组进行了研究。他们对沉积物的颗粒分选、结构壮年度、成分及交错层理分析等进行了认真的研究和统计分析，提出了塘边组由风成沉积组成，具有代表古沙漠古地理的部分辫状河相。Jiang 等（2008）根据沉积结构、构造和石英砂颗粒表面特征研究，发现信江盆地上白垩统龟峰群塘边组（K_2t）为风成沉积。该组的主体岩性为紫红色中-细粒净砂岩，基本不含泥质和云母等悬移质，大型高角度平板状交错层理发育，层系厚度巨大，风成沙丘前积层特征明显。对古流向恢复表明，信江盆地以西风为主，东北风为次，同时见有少量东南风与西北风。根据当时的古地理格局及地表风带模式判断，研究区位于当时的北半球西风带和东北信风带之中，同时可能存在东南向和西北向的古季风。重建了信江盆地晚白垩世沉积期的优势盛行风带，认为其位于当时的北半球西风带和东北信风带之中，同时可能存在东南向和西北向的古季风。其采样研究区域包含龙虎山龟峰园区。姜勇彪（2010）在龙虎山地区进行了一项研究，从遥感图像中提取线性构造特征，并对红层中采样的岩石的胶结物进行了分析。他指出，龙虎山地质公园红层中的胶结物主要是赤铁矿、二氧化硅和方解石。他用玫瑰花图来显示主要的线性构造走向。但是，姜勇彪并没有提及这些线性构造特征是什么，没有在区域构造地质学和地貌学的背景下进一步叙述丹霞地貌山脉的格局与这些线性特征的关系。

综上所述，以往对丹霞地貌的研究大多集中在对其定义、分类和控制因素的定性描述上。但对丹霞地貌发育控制因素的定量研究还很薄弱。近些年的研究尝试在地貌发育过程、研究资料和年代学上应用定量方法，但地表本身仍然是地貌学的关键方面（Evans，2012）。因此，本书以丹霞地貌形态计量分析为重点，运用遥感、地理信息系统等技术与工具结合常规地质调查手段，了解丹霞地貌形成及相关地表过程的控制因素。

为了探讨丹霞地貌形成的控制因素及为丹霞地貌侵蚀状态的评价提供定量依据。本书的总体目标是探讨龙虎山丹霞地貌成因的控制因素。包括龙虎山在内的 6 个最为发育的丹霞地貌模式地都位于华南褶皱带内，经历过包括元古宙和显生宙地体拼合在内的多种构造和岩浆活动（Pirajno and Bagas，2002）。

2.2　推断假设与验证内容

龙虎山所在区域经历了较为复杂的地质演化过程。垂直和水平地壳块体运动以及侵蚀和沉积过程的影响形成了地表地貌。目前国内研究者对丹霞地貌的定义已逐渐统一，即表述为以赤壁丹崖为特征的红色陆相碎屑岩地貌。地貌学主要研究地貌的结构特征及其成因机制，分布和发展规律、根据初步的野外观测和文献回顾，认为构造控制、岩性差异和河流侵蚀在丹霞地貌的形成过程中起着至关重要的作用。为验证以上的假设，验证步骤内容如下：

（1）利用遥感技术和数字高程模型（DEM）数据在 GIS 系统中解译研究区内的线性构造特征（选取与构造相关的负地形线性构造）。

（2）利用 DEM 数据，基于 ArcGIS 软件平台对研究区进行数字地貌形态分析，包括地形参数的提取、水文分析和河流纵剖面分析等，旨在说明研究区的地质构造环境和地貌侵蚀发育情况，从而定量地判定龙虎山丹霞地貌的侵蚀情况。

（3）根据遥感解译的线性构造和野外调查结果，分析丹霞地貌与构造的关系，采用区域构造运动模型来理解龙虎山丹霞地貌的成因控制因素。

（4）通过野外考察、对比分析，对丹霞洞穴的形态特征、空间分布以及形成过程的控制因素和发育过程进行探究。

2.3　应用的资料和数据

2.3.1　基础地质图件

本节所用资料包括江西省地质调查局 1976 年、1983 年公布的龙虎山地区 1∶5 万、1∶20 万地质图和 1∶5 万地形图。江西省地质构造图（1∶100 万）所有地质图在 ArcGIS 中进行数字化，并进行空间校正和地理配准。

2.3.2　遥感数据

本书收集了两类遥感影像，分别用于地貌研究和地貌解释。第一类是先进星载热发射和反射辐射仪全球数字高程模型（advanced spaceborne thermal emission and reflection radiometer global digital elevation model，ASTER GDEM），简称全球数字高程模型，该数据是根据美国国家航空航天局（NASA）的新一代对地观测卫星 Terra 的详尽观测结果制作完成的，第一版于 2009 年公布，第二版于 2011 年 10 月公布。本节采用的是第二版数据，分辨率为 30m，范围覆盖了整个龙虎山地区和毗邻的基底。ASTER GDEM 图像从美国国家航空航天局（NASA）网站下载。第二类是江西省地质调查局提供的快眼（RapidEye）卫星多光谱遥感图像（5m 分辨率）（图 2-1）。

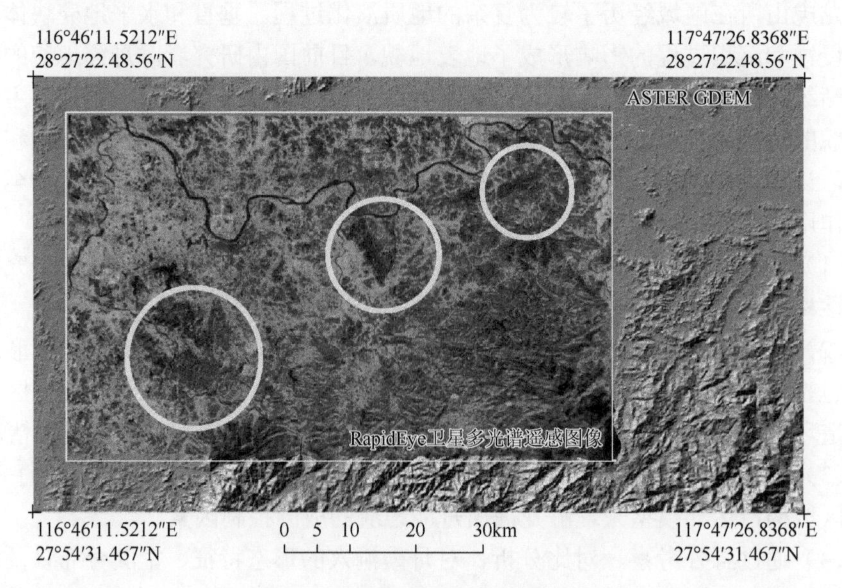

图 2-1　本节使用的两种遥感影像

大图幅是由全球数字高程模型（ASTER GDEM）（30m 空间分辨率）绘制的地形图。小图幅是 RapidEye 卫星多光谱遥感图像（5m 空间分辨率），白色圆圈标出了龙虎山三个丹霞地貌集中分布区域的相对位置

利用快眼（RapidEye）卫星多光谱遥感图像进行视觉解译和三维地形模型生成。RapidEye 是第一颗提供“红边”波段的商业卫星，由 5 颗卫星组成星座，覆盖频率高，分辨率为 5m，包含 5 个光谱波段，分别是蓝波段（440～510nm）；绿波段（520～590nm）；红波段（630～685nm）；红边波段（690～730nm）；近红外波段（760～850nm）。凭借其超强的数据采集能力，在国土、农业、林业、资源环境等方面得到广泛应用。所获得的龙虎山地区的快眼（RapidEye）卫星图像为 2012 年 9 月的卫星捕获数据。为了增强整体图像或突出图像中的特定地物的信息，快眼卫星图像的 4、5、1 波段（红色边缘、近红外和蓝色光谱波段）分别被赋予到红色、绿色和蓝色通道（Schuster et al.，2012）进行合成。该合成图像图幅被剪裁以适合龙虎山地区，并覆盖在从地形图导出的高分辨率数字高程模型上，生成了龙虎山地区的合成三维视图（图 2-2）。RGB-451（快眼 RapidEye 卫星红边-近红外光谱）的假彩色合成能够更好区分龙虎山区域的地表目标。

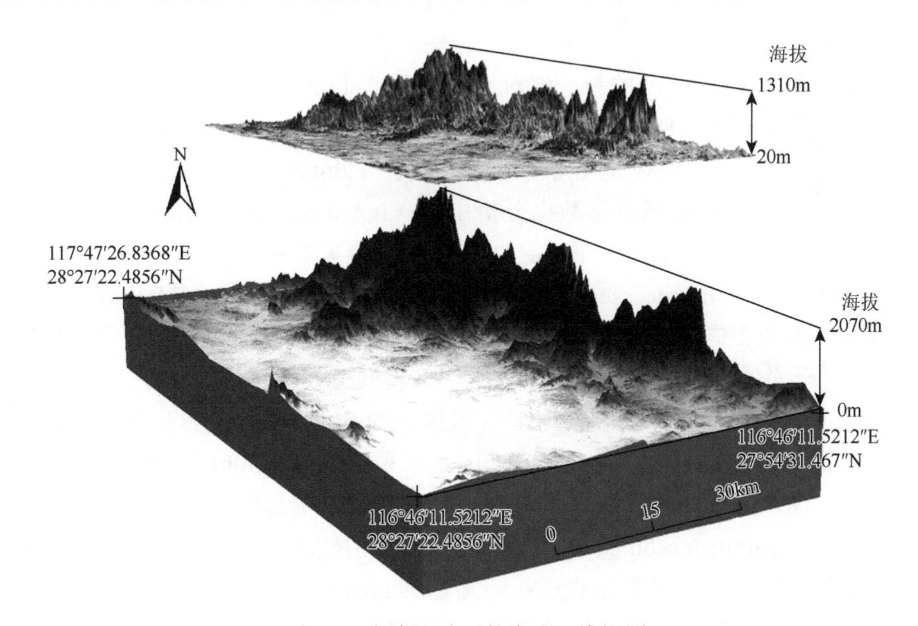

图 2-2　龙虎山地区的合成三维视图

下方图像为 ASTER GDEM 绘制的地形图，龙虎山地区覆盖范围更广。上方快眼（RapidEye）卫星图像覆盖面积小，覆盖在 1∶20000 地形图的高分辨率数字高程模型（DEM）上，二者空间关系参见图 2-1 中的平面视图

R-红色边缘（波段 4）、G-近红外（波段 5）和 B-蓝色（波段 1）的组合提供了一种“自然”的再现。快眼卫星图像本是彩色的，城市地区呈现出不同程度的洋红色；草地呈现淡绿色；城市内部的浅绿色点表示草地覆盖；橄榄绿到亮绿色的色调通常取决于不同树冠的亮度系数；粉色区域代表贫瘠的土壤；橙色和棕色代表稀疏的植被区域；干燥的植被是橙色的；水是蓝色的；沙子、土壤和矿物以

多种颜色突出显示。因此，在后续的地理参照过程中，建立三维模型对后期进行遥感图像识别相应的地面控制点位置，如对道路交叉口、桥梁和人工基础设施是非常有帮助的。

1. 先进星载热发射和反射辐射仪全球数字高程模型（ASTER GDEM）简介

数字高程模型（DEM）是对地球表面地貌的数字表达和模拟，是数字地形模型（DTM）中最基本的组成部分，也是地理信息系统地理数据库中最重要的空间地理信息和进行地形分析的核心数据。数字高程模型（DEM）是地理信息系统进行地形分析的基础数据，而地形分析是地貌学研究的重要内容之一。本次研究采用的是先进星载热发射和反射辐射仪全球数字高程模型（ASTER GDEM），其全球空间分辨率为30m，2009年7月首次发布给公众，2011年10月发布的V2.ASTER GDEM是由日本经济、贸易和工业部（METI）和美国国家航空航天局（NASA）共同开发的。

该数据是根据NASA的新一代对地观测卫星Terra的详尽观测结果制作完成的，其数据覆盖范围为83°N到83°S之间的所有陆地区域，达到了覆盖地球陆地表面的99%。ASTER GDEM是全球对地观测系统（global earth observation system）的一部分，通过日本地球遥感数据分析中心（Japan Space Systems/Earth Remote Sensing Data Analysis Center，ERSDAC）和美国国家航空航天局陆地过程分布式活动档案中心（Land Processes Distributed Active Archive Center，LP DAAC）的电子下载服务器免费向用户提供（表2-1）。ASTER GDEM目前有两个版本（V1，V2），本次研究采用的是V2版。以Geo TIFF格式分发，采用地理经、纬度坐标，参考椭球为WGS-84，每个像素为1″（弧度，约30m），高程基于EGM 96全球大地水准面模型。数据垂直精度为±20m，水平精度为±30m，可信度均为95%（汤国安，2010）。数据来源于中国科学院计算机网络信息中心国际科学数据镜像网站（http://datamirror.csdb.cn）。ASTER GDEM由代表不同地面分辨率的三个独立的仪器子系统组成：可见光和近红外光（visible and near-infrared，VNIR）光谱范围0.5～1.0μm中的三个波段（空间分辨率为15m）；短波红外光（short-wave infrared，SWIR）光谱范围1.0～2.5μm，分辨率为30m；热红外光（thermal infrared，TIR）光谱范围8～12μm，为5个波段，分辨率为90m（表2-2）。一个覆盖61.5km×63km的ASTER GDEM图景包含来自14个光谱带的数据。ASTER GDEM高分辨率VNIR传感器能够生成立体（三维）图像和详细的地形高度模型。另外，本次工作中还获取了研究区10m精度的等高距的地形图，将其转化成高精度DEM数据后，用于局部区域负地貌相关的线性构造的提取。

表 2-1　ASTER GDEM 的基本特征（根据 Tachikawa，2011 修改）

数据来源	ASTER GDEM
数据分配机构	METI/ERSDAC/NASA/USGS
发布年限	2009 年（V1） 2011 年（V2）
数据采集	2000～2008 年（版本 1） 2000～2010 年（版本 2）
记录范围	1″（30m）
单幅影像大小	3601 像素×3601 像素（1°×1°）
覆盖范围	83°N，83°S
缺失数据	经常被云覆盖的地区（由其他数字高程模型替代）

表 2-2　ASTER GDEM 图像 14 个波段的信息（根据 Tachikawa et al.，2011 修改）

子系统	VNIR （可见光和近红外光波段）	SWIR （短波红外光波段）	TIR （热红外光波段）
波段	1～3	4～9	10～14
仪器	可见和近红外光（VNIR）辐射计。在这个子系统中，一种仅用于获取立体像对的后视望远镜	短波红外光（SWIR）辐射计。单台固定的非球面折射望远镜	热红外光（TIR）辐射计
空间分辨率/m	15	30	90
扫描带宽/km	60	60	60

ASTER 具有立体观测能力，可见光近红外波段为 ASTER 第三波段，第三波段有两个通道——天底方向的近红外通道（a nadir looking channel，3N）和后视方向的近红外通道（a backward looking channel，3B），其中 3B 具有沿轨道后视（27.6°）的能力，可以实现同轨立体观测，如图 2-3 所示，3N 和 3B 以 0.6 的基高比（B/H）提供沿轨道方向的获取 ASTER VNIR 的立体像对（Toutin，2011）。

ASTER GDEM 近红外光波段的后视方向通道具有沿轨道方向的倾斜角度，获取 60km×60km 的图像需要 9s，立体声对大约需要 64s。在这项研究中，ASTER GDEM 为项目规划和支持提供了三维地形可视化和建模。从 ASTER GDEM 立体像对中提取的数字高程模型（DEM）被认为适合于需要高程信息的制图。ASTER GDEM 数据满足 1∶50000 到 1∶100000 比例尺的地形图要求（Tachikawa et al.，2011）。

2. 快眼（RapidEye）卫星影像数据简介

RapidEye 卫星是商业多光谱遥感卫星，由加拿大麦克唐纳·迪特维利联合有限公司为德国 RapidEye 公司设计实施，卫星平台由英国萨瑞（Surrey）卫星技术

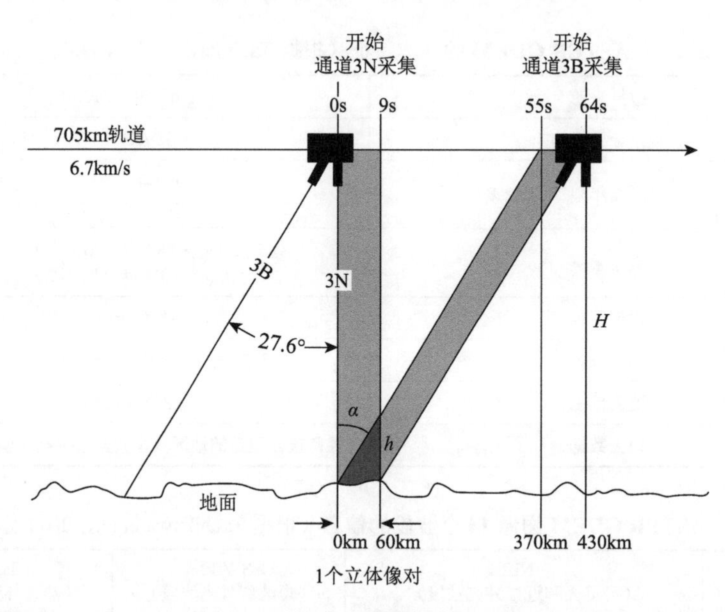

图 2-3　ASTER GDEM VNIR 的立体像对采集（改自 Welch et al.，1998）

α 为相交角；h 为重叠高度；H 为垂直高度

公司提供。德国 RapidEye 资源卫星依靠其专业的卫星专家团队打造一个由 5 颗地球观测卫星组成的卫星星座，5 颗 RapidEye 卫星被均匀分布在一个太阳同步轨道内，在 620km 高空对地面进行监测任务，任务寿命为 7 年。每颗卫星都携带 6 台分辨率达 6.5m 的相机，能实现快速传输数据，连续成像。其重访间隔时间短，一天内可访问地球任何一个地方，五天内可覆盖北美洲和欧洲的整个农业区，并且每天可下行超过 400 万 km^2、5m 分辨率的多光谱图像。2008 年 8 月 29 日，利用俄罗斯第聂伯（Dnepr）火箭发射了 5 颗 RapidEye 地球探测卫星，它们均匀分布在太阳同步轨道内，从 620km 高空监测地面，每颗卫星重约 150kg，工作寿命 7 年。RapidEye 遥感器图像在 400～850nm 内有 5 个谱段，每颗卫星都携带 6 台分辨率达 6.5m 的相机，能实现快速传输数据、连续成像和短重访周期，RapidEye 卫星影像参数如表 2-3、表 2-4 所示。本次的工作中，RapidEye 数据采集于 2012 年 9 月。

表 2-3　RapidEye 卫星影像参数

指标	参数
光谱波段	蓝 440～510nm；绿 520～590nm；红 630～685nm；红边 690～730nm；近红外 760～850nm
成像过程地面采样间隔/m	6.5
影像像素大小（正射影像）/m	5

续表

指标	参数
幅宽/km	77
重访周期	每天
轨道交点	11：00（大约）
影像获取能力/(km^2/d)	400 万

表 2-4　RapidEye 卫星传感器特性

任务特征	信息
卫星数量/个	5
轨道高度	太阳同步轨道的 630km
赤道穿越时间	当地时间 11：00（大约）
传感器类型	多光谱推扫成像仪
光谱带	可捕捉下列任何一种光谱波段： 蓝色波段 440～510nm； 绿色波段 520～590nm； 红色波段 630～685nm； 红边光谱 690～730nm； 近红外光谱 760～850nm
地面采样距离（最低点）/m	6.5
像素大小（正射校正）/m	5
扫描条带宽度/km	77
回扫时间	每日（非最低点）/5.5d（最低点）
图像捕获能力/(km^2/d)	400 万 km^2/d

3. 美国陆地卫星 5 号（Landsat 5）专题制图仪 TM 影像数据

美国陆地卫星（Landsat）系列卫星由美国国家航空航天局（NASA）和美国地质调查局（USGS）共同管理。自 1972 年起，Landsat 系列卫星陆续发射，是美国用于探测地球资源与环境的系列地球观测卫星系统，Landsat 5 是 Landsat 系列的第 5 颗卫星，指美国陆地卫星 5 号专题制图仪所获取的多波段扫描影像，分为 7 个波段。其主要特点为具较高空间分辨率、波谱分辨率、极为丰富的信息量和较高定位精度。美国在 1982 年和 1984 年相继发射陆地卫星 4 号和 5 号，星上携带第二代多光谱扫描仪（thematic mapper，TM）（专题成像仪）。TM 探测地物辐射的灵敏度提高、量化等级增加、空间分辨率改善、光谱通道也进行了调整与扩展（表 2-5）。本次研究采用的是 Landsat 5 的 7 波段 TM 数据。

表 2-5　Landsat 5 TM 各波段参数

编号	波段范围/μm	辐射灵敏度	空间分辨率/m	辐射量化级
TM1	0.45～0.52	0.50%	30	256
TM2	0.52～0.60	0.50%	30	256
TM3	0.63～0.69	0.50%	30	256
TM4	0.76～0.90	0.50%	30	256
TM5	1.55～1.75	1.00%	30	256
TM6	10.45～12.50	0.5K	120	256
TM7	2.08～2.35	2.40%	30	256

本节利用数字高程模型资料的两个来源，进行线性构造特征提取和地貌解释。第一个来源是先进的星载热发射和反射辐射仪全球数字高程模型，第 2 版数据，分辨率为 30m，覆盖了整个龙虎山地区和毗邻的基底。ASTER GDEM 遥感影像是从美国国家航空航天局网站下载的。第二个来源是利用江西省地质调查局提供的 1∶20000 比例尺的龙虎山地区地形图生成的间距为 5m 的数字化等高线高分辨率数字高程模型。随后，所有获得的数字高程模型的单元大小按 10m 的网格间距进行调整。RapidEye 多光谱遥感图像（5m 分辨率）用于视觉解译和三维地形模型生成。快眼（RapidEye）卫星影像是 2012 年 9 月获取的。

2.3.3　一般方法

为了解决上述问题并验证上述假设，该研究采用了基于遥感和数字高程模型的遥感解译方法，主要是利用遥感影像叠加数字高程模型，识别判断龙虎山区域内的构造裂隙线性构造，以及构造线的方向、汇聚类型和与区域流域盆地格局的关联，并根据可用的数字高程模型，对龙虎山区域的流域进行地形测量分析。利用数字高程模型（DEM）进行基于地理信息系统的地貌形态学测量，可以对景观的三维特性进行大规模的数学评价。这种方法特别适用于龙虎山这样的板内区域，在那里，简单的地形可视化调查无法解决地形的演变趋势。例如，评估坡度几何、坡度角、流域面积起伏关系和纵剖面，并将这些与其他参数（如地质）相结合，以推断控制景观的相关因素。为了提取流域，将使用 Arc Hydro[①]（ArcGIS 软件的

① Arc Hydro 是一个在 ArcGIS 软件里面用来分析地理空间的数据模型和工具，运用 Arc Hydro 可以对分水岭在矢量及栅格状态下进行刻画及描绘，定义及分析水力几何网络，管理时间序列数据以及设定和导出数据到数字模型，好处是利用地形能够快速地生成河流和流域，便于从自然角度上圈出对应的水文范围；DEM 本身带有地形起伏的信息，而经过流向分析之后，提取出来的自然河流本身带有准确的流向，这样可以为后期水文信息化提供精细而准确的数据来源。

扩展数据模型)，提取龙虎山地区流域面积、流域地形、河流纵剖面、坡度和地形起伏。河流纵剖面用于分析标准化河长坡降指标（SLK）、河流纵剖面上的裂点和坡度-面积关系。目前的地形是地貌形成过程（如隆起、河流切割）和沿斜坡驱动的剥蚀过程之间均衡的表现。

所得到的地形表达式可以提供关于这些过程的信息，并且斜坡类型空间分布的分析提供了对景观之间的过程进行定量比较的证据。异常高的 SLK 值可能由于岩性或构造控制而显示出切割效应。这些参数之间的关系可以呈现正相关、负相关或随机相关，从而揭示地形成因的可能控制因素。所有的空间分析和综合研究将在 ArcGIS 软件 10.0 版本环境下进行。在本书中，我们进行了地质实地调查，包括裂隙和层理方向（走向和倾向）、露头运动学指标和观测，为遥感和数字高程模型（DEM）数据分析提供了实地验证。野外观测也为了解丹霞地貌（如洞穴）的微地貌特征提供了补充资料。野外还发现，随着岩性的变化（砾岩角砾岩与砂岩、粉砂岩）地形也随之变化。

本书采用遥感、地理信息系统与实地调查相结合的方法。利用露头野外定量资料结合遥感资料，首次对龙虎山丹霞地貌形成的构造和岩性控制因素进行了定量评价。本书所使用的地貌指标，已被以往研究证明有助于解决地貌侵蚀阶段研究。此外，由于它们是无量纲的参数，为不同流域尺度中丹霞地貌之间的对比分析提供了可能。

2.3.4 遥感和地理信息系统在地貌学中的应用

遥感，从字面上来看，可以简单理解为遥远的感知，广义的定义指一切无接触的远距离探测。而一般我们所说的遥感是指应用探测仪器，不与探测目标相接触，从远处把目标的电磁波特性记录下来，通过分析，揭示出物体的特征性质及其变化的综合性探测技术，也就是狭义的遥感。

遥感作为一门对地观测的综合性技术，它的出现和发展既是人们认识和探索自然界的客观需要，也更有其他技术手段与之无法比拟的优点。目前，遥感技术已经广泛运用于资源勘查、环境监测、地质调查等领域，成为地理信息系统主要的信息源。

随着高分辨率卫星图像的日益普及，它促进了越来越多利用遥感和地理信息系统进行地形地貌研究的应用（Florinsky，1998；Walsh et al.，1998；Ehlen and Wohl，2002）。遥感和地理信息系统已经非常有用，并成为地貌学研究的主要工具，因为它们提供了对陆地表面的全新见解、快速和经济的调查（Moore et al.，1991；Walsh，1998）。通过遥感系统的空间分辨率、时间分辨率、光谱分辨率和辐射分辨率，以及地理信息系统辅助的综合分析，遥感技术适合于研究构造地貌和构造地质。

遥感（RS）已经被应用于评估中尺度和宏观尺度的景观，涉及传感器系统和侦察平台运行的空间、光谱、时间和辐射分辨率。这四种遥感分辨率有助于表征景观特征，区分景观特征和过程变量。空间分辨率表示由特定传感器系统同时感应的地面面积；光谱分辨率反映传感器工作的电磁频谱的波长；时间分辨率是卫星在其规定轨道内观测的周期间隔；辐射分辨率是用于量化各传感器系统评估的光谱响应的强度级别范围。遥感在地貌研究中的应用主要有四个领域（Schmidt and Dikau，1999；Smith and Pain，2009）：①地貌的位置和分布；②地表高程；③地表组成；④地下特征。遥感在丹霞地貌研究中的应用包括图像处理、建模、地貌指数计算以及与地理信息系统中其他数据的集成。一般来说，数字高程模型是提取重要地形信息和分析地形过程控制因素最常用的数据（Dietrich et al.，1993；Desmet and Govers，1995；Kirkby，1990）。因此，数字高程模型及其衍生物（坡度和方位）被用于推断丹霞地貌形成的控制因素。

地理信息系统现已广泛应用于地貌学研究流域、山坡和河网分析（Pike，2000）。在这项研究中，ESRI 公司的 ArcGIS 软件 10.0 版本是用于处理地图和地理信息的地理信息系统。ArcGIS 软件是一个平台，用于创建和操作地图。编辑地理数据、分析地图信息、共享和发现地理信息、在一系列应用程序中使用地图和地理信息，以及在数据库中管理地理信息。ArcGIS 软件允许用户操作和分析空间数据。ArcGIS 软件包中的一些扩展包含了更常见的地形属性（如坡度和坡向）和地形分析程序（如流域和河流网络提取）。它们能够先进地分析地表形态测量和集水过程的建模。ArcGIS 软件扩展，允许用户进行有效的数据建模、地形和表面分析以及数据可视化。Arc Hydro 可以通过 DEM 数据派生出一些水文特征：如可以提取河流网络、自动划分流域。这些水文特征是描述某一地区水文特征的重要因素，作为一种侵蚀地貌，丹霞地貌的形成与流域内的水文条件是相关的。

2.3.5 线性构造分析与构造地貌

线性构造研究在构造地质学研究中得到了广泛的应用（Woodall，1993，1994；Zakir et al.，1999）。线性特征被定义为一个表面的可映射线性或曲线特征，其部分以直线或稍微弯曲的关系对齐（Hobbs，1904）。

从一开始，地质学家就认识到，线性构造并不是随机出现在地球表面上，而这被认为是地壳软弱带或构造位移的结果（Hobbs，1904，1912）。大多数线性构造要么归因于断层，要么归因于受节理控制的断裂系统（没有相对位移的断裂）。

自 20 世纪 90 年代初以来，高分辨率卫星图像和 DEM 的可用性不断增加，使得利用遥感和地理信息系统进行景观研究的应用越来越多（Florinsky，1998；Walsh et al.，1998；Ehlen and Wohl，2002）。沿断层运动而形成的线性构造通常由一些地貌特征表现出来，如线性山谷、线性山脊、坡度突变、坡向均匀的陡坡、区域地貌各向异性和倾斜的地形等（Pike，2000）。

遥感的优点是提供综观概述，可以查明区域大面积线性构造的特征（Drury，1987），并相对快速地分析区域受构造控制的地形（Giles，1998；Millaresis and Argialas，2000；Bishop and Shroder，2000；Tucker et al.，2001）。线性构造往往作为个别构造在局部消失，但断裂趋势持续存在。节理或断层岩石呈现出许多软弱面，风化作用力（如水）可沿这些软弱面渗入岩体，这些岩石中的独特结构就形成了一系列地貌（Leopold et al.，2012）。因此，对线性构造成因类型的研究有助于理解构造对地貌发育的控制作用。线性构造成因的解释需要根据现场数据进行验证，如断层、节理、基于剖面露头的运动学数据，以及根据研究区域的构造历史综合分析。这些线性特征是沿着地壳中的软弱带或构造位移带发展的。因此，裂隙通常表现为可以从大尺度遥感图像中观察到的线状结构。深部线性构造的地貌表达可能被解释为离散线性构造的广泛区域（Richards，2000）。为了绘制具有结构意义的线性构造图，有必要首先对图像进行仔细地判别性分析，识别和筛选非断层造成的特征（Sabins，1997）。丹霞地貌区的线性构造是地貌格局的空间组成部分。利用野外裂隙资料研究丹霞地貌的构造线性特征，可以通过对比线性构造走向玫瑰花图和主断层方向，提供丹霞地貌受区域断裂系统控制的信息及其空间背景。该方法有助于评估断层和断裂系统如何控制丹霞地貌格局（形状、大小和位置）。

2.4　基于数字高程模型的地貌形态学分析

地貌形态是指构成地形表面的几何形状，地貌形态学也被称为数字地形建模或定量地貌学，是用定量分析研究地表的科学（Pike，1995，2000）。它的工作是从数字高程模型中提取地表参数和目标。数字高程模型通常用于地理信息系统。数字高程模型（DEM）可以表示为栅格（方格网格，也称为高度图）或基于矢量的三角形不规则网络（TIN）。TIN-数字高程模型数据集也被表示为一级（测量）数字高程模型；而光栅数字高程模型被称为二级（计算）数字高程模型。数字高程模型通常是从遥感技术收集的数据导出的。数字高程模型也可以通过摄影测量、激光雷达、土地测量等技术获得（Li et al.，2005）。地形面的特征在一定程度上反映了构成地貌的岩石特征和形成动力。

近年来，随着高质量数字高程模型的有效性不断提高，利用遥感和地理信息系统进行的地貌测量研究迅速发展（Florinsky，1998；Walsh et al.，1998；Ehlen and Wohl，2002）。一个广泛的应用是多样化的数字地形建模。地形建模可以数字形式显示地球的表面高度、几何形状和其他地球表面特征。地貌形态的形成可以是侵蚀作用、沉积作用，也可以是重力滑动作用以及断裂运动的影响和作用，它们的形成和特征反映了地表内力和外力作用的特点，根据地质结构对地表形态的解释是很有效的（Prost，1994；Keller and Pinter，1996；Burbank and Anderson，2012）。例如，沿着断层的运动通常由特征性的地貌特征表示，如线性山谷、山脊线、坡折带、均匀坡向的陡坡、区域性地貌各向异性和地形倾斜。目前的地形几何学是通过研究分布在空间中的各种现象之间的关系而产生的。景观和形成景观的过程被认为是一种稳定的平衡状态，在这种平衡状态下，每一个斜坡和每一种形式都相互调整。因此，一些应用中对坡度和坡向等形态特征的研究可以为地貌形成的可能控制因素提供线索。根据地貌学，坡度被解释为“坡倾斜度”或“地球表面任何部分的斜面，如山坡”（Klaus et al.，2005）；French（1996）指出，对于斜坡演化，有必要考虑到区域和小气候、岩性、主要风化过程。数字高程模型（DEM）分析将提供坡度角、坡度面和它们的簇趋势。裂谷盆地发育伸展断裂和剪切断裂。如果坡体类型和坡向呈现系统簇状，并与 SLK 异常和岩性图叠加后的区域裂谷相关策略背景相对应，则坡体的几何形态是构造作用的结果。坡向是指坡面对太阳光线的方向（Klaus et al.，2005）。坡面对当地气候（小气候）有非常显著的影响。例如，在北半球，朝南的斜坡（更容易受到阳光和暖风的照射）通常比朝北的斜坡更温暖和干燥，这是因为其蒸散量高于朝北的斜坡（Bennie et al.，2006）。如果当地气候是丹霞地貌形成的主导因素之一，则南坡的侵蚀可能会更大，南坡的缓坡分布频率可能更高。对于地貌学及其控制因素的定量认识，对理解导致今天特定地貌的整个系统过程是必不可少的。

2.4.1 用以评价丹霞地貌成因的地貌形态指数

在地貌形态指数中，面积-高程分析、河流纵剖面和河流长度梯度指数（stream length-gradient index，SL）被用来检测可能与地表和地下变形相关的地质过程以及区域地貌历史的关系（Troiani and Della Seta，2008；Font et al.，2010）。

形态学分析长期以来是用于分析和解释地貌的最常用的方法，尽管它首先出现时为戴维斯地理周期理论的副产物（Davis，1899）。地貌学研究的目的是了解地形及其成因和演变，其中包括几个形态计量指标的应用。对地貌空间格局的分析将有助于推断构造、岩性和气候对地貌形成的控制作用。其中许多方法在地貌学上已经很成熟了，但是在引入数字处理技术后，如遥感图像数字高程模型（DEM）的处理，它们变得更加有用和适用。在这些方法中，用于研究侵蚀地貌的方法提到了 HACK 指数或 SL，被用于研究流域的形态特征、河流不同河段坡度的变化，以及岩石抗侵蚀能力的变化（Hack，1973）。随着数字高程模型的应用和可用性的不断提高，越来越多的科学家将数字高程模型（DEM）作为地形调查的主要数据源（Walcott and Summerfield，2008），Pike（2000）建议，基于数字高程模型的地形测量方法同样适用于实地测量的地形高度和山坡剖面，以及从等高线图测量的高程（Pike，2000）。

如前所述，构造控制和河流侵蚀可能是丹霞地貌形成的主要原因。为了验证这一假设，基于衍生地貌形态指数的形态计量学分析在理解丹霞地貌成因中有着得天独厚的优势。地貌形态指数是评价与构造有关表达的有用工具，因为它们可以提供对区域内的特定区域的快速洞察，该区域能够相对快速调整，甚至具有缓慢的活动构造速率（Keller and Pinter，1996）。地貌形态指数的优点在于其快速推导、相互比较以及对任意大面积区域进行统计评价的可能性（Panek，2004）。自 20 世纪 50 年代以来，形态计量学一直是构造地貌学的重要工具（Strahler，1952）。形态计量学正成为构造地貌学研究中不可替代的一部分，特别是在 Bull 和 McFadden（1977）的文章发表后，其发展与数字高程模型和地理信息系统技术的引入密切相关。目前，地貌测量方法的发展与数字高程模型参数的推导有关，在地理信息系统环境下，数字高程模型可以提供更精确的计算（Sung and Chen，2004）。

构造地貌学中使用的地貌形态指数可分为面积-高程积分变量、河流纵剖面特征与坡降指数、水系分布与形态特征、盆地形态特征和坡度形态特征等。对利用数字高程模型（DEM）进行计算的特征的解释基于这样一个事实，即在垂直和一般水平构造运动过程中，高程范围发生变化，从而从根本上改变了面积高程条件和随后的侵蚀基准高度的变化。这些变化又会影响河流剖面形态和流域形态的变化。地貌形态特征的一个特殊类别直接表示所选地貌构造形式的活动阶段（Silva et al.，2003）或相关形式的形态特征。构造过程也影响岩石和高程的各向异性（Jordan，2003；Jordan et al.，2003）、侵蚀的周期性、地貌形态参数（Sung and Chen，2004）和其他几何量。因而，地貌形态指数包括龙虎山地区形态构造研究所需的等高线和面积-高程积分（HI）、标准化河长坡降指标（SLK）和纵向河流剖面形态。

2.4.2　面积-高程分析

面积-高程分析是研究选定盆地内不同海拔水平横截面积的相对比例（Strahler，1952）。Zhang 等（2011，2013）利用数字高程模型研究了丹霞山地区丹霞盆地的形态计量学和面积-高程分析，证明这是验证岩性和构造对丹霞地貌发育控制的有效技术，面积-高程分析常被用于侵蚀地貌区的地貌发育阶段的研究中。龙虎山与丹霞山都分布在华南造山带，并具有相似的亚热带季风气候和典型的丹霞地貌。因此，本书将采用这种方法。

面积-高程分析一般通过面积-高程积分曲线（HC）和面积-高程积分（HI）来评价。面积-高程积分（HI）通过统计流域地表的高程组合信息，从而揭示流域地貌形态与发育特征的重要指标。面积-高程积分曲线（HC）描述了面积相对于海拔的分布，并通过绘制高程比（h/H）及面积比（a/A）得到（h 为某一等高线相对于流域最低点的高差；H 为流域总高差；a 为 h 等高线之上的流域面积；A 为流域总面积）（Strahler，1952；Weissel et al.，1994；Keller and Pinter，2002）（图 2-4）。总流域面积 A 是单个流域面积的总和，而 a 为给定高程（h）以上的流域面积。a/A 总是在流域低点为 1.0，在最高点为 0.0（其中 $h/H = 1.0$）。等高线是无量纲的，因此它的数值不受到流域盆地的大小的影响。其数值可以用在大小不同的盆地之间进行对比。

面积-高程积分曲线的形状与盆地的切割程度（如其侵蚀阶段）相关，并且允许不同大小盆地之间比较（Keller and Pinter，2002；Walcott and Summerfield，2008；Perez-Peña et al.，2009）。HI 表示面积-高程积分曲线下陆块体积的剩余部分（Strahler，1952；Ritter et al.，2002），可以应用 HI 来了解由于水文过程和土地退化因素，在地质时间尺度内流域内发生的侵蚀情况（Ritter et al.，2002）（图 2-4）。因此，地层学分析可以提供理想的定量验证所提出的地貌阶段的丹霞地貌，它是

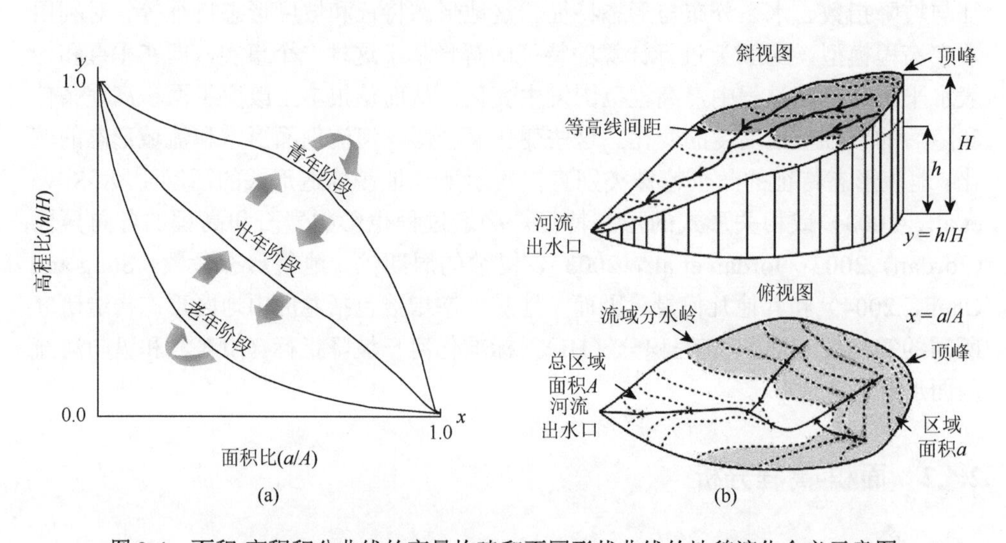

图 2-4　面积-高程积分曲线的变量构建和不同形状曲线的地貌演化含义示意图

（a）由等高线变化表示的戴维斯地貌旋回的概念。箭头表示在地貌周期中，根据海拔的变化，面积-高程积分曲线的变化方向。利用高程比（h/H）和面积比（a/A）关系推导出等高线。HI 值高的凸曲线表示青年阶段，HI 值中、低的 S 形曲线和凹曲线表示壮年和老年阶段（Perez-Peña et al.，2009）。（b）显示了用于在流域中建立面积-高程积分曲线的变量。箭头表示流向（根据 Strahler，1952；Ohmori，1993 修改）

基于估计的侵蚀土地体积的比例（黄进，1982；彭华，2009）。Lifton 和 Chase（1992）认为，流域面积-高程积分值与区域抬升速率呈正相关。

面积-高程积分曲线和面积-高程积分是地形起伏的重要形态特征，可以从侵蚀地貌的角度分析面积与海拔的关系。等高线反映了流域内高程的累积分布。面积-高程积分曲线的形状和面积-高程积分值表示侵蚀力和构造力平衡中的侵蚀不平衡程度（Strahler，1952；Weissel et al.，1994）。例如，一条积分值高（HI＞0.6）的凸等高线反映了青年期流域和未被破坏景观的特征。平滑的 S 形曲线穿过图形中心，表示壮年期（0.4≤HI≤0.6）景观。积分值较低（HI＜0.4）的凹下曲线表示老年阶段景观［图 2-4（a），表 2-6］。流域的面积-高程分析反映了剥蚀过程的复杂性和形态变化的速率。因此，对于了解流域的侵蚀状况是有意义的。

表 2-6　戴维斯地貌演化阶段及其对应的 HI 值（根据 Strahler，1952 改编）

地貌发育阶段	HI 值	曲线形状
青年阶段	HI＞0.6	凸曲线
壮年阶段	0.4≤HI≤0.6	S 形曲线
老年阶段	HI＜0.4	凹曲线

为了得到流域和子流域用于计算相关的地貌形态指数。以 30m 空间分辨率 ASTER GDEM 为基础，在 ArcGIS 软件中，计算河流的坡降指数、高程积分和高程曲线。高程数据被插值到流向量并导出。根据式（2-1）和最佳平衡数学公式计算 SL，得到式（2-2）和剖面中的线性构造坡度 k。

$$\mathrm{SL} = (\mathrm{d}h / \mathrm{d}l) \times L \tag{2-1}$$

$$H = C - k \cdot \ln L \tag{2-2}$$

式中，$\mathrm{d}h/\mathrm{d}l$ 为河段的坡度；L 为河源至河段中点的水平长度；C 为河上游源头高程。

为了对不同长度的河流进行比较，得到一个完整的河长坡降指标图。参数 k 用于规范化河长坡降指标以获得标准化河长坡降指标（SLK），通过这种标准化河长坡降指标（SLK）在不同长度的河流之间是可比较的，该指数的应用将允许识别被认为是“异常”的河流断面，如 SL 异常和临界点所示。当河流穿过不同的岩性和构造，表现出不同的抗侵蚀能力时，该指数将变大或变小。在出现均匀的岩性基底时，异常将被解释为与构造运动有关。异常高的 SL 值通常出现在基岩切口受岩性或断层影响的裂隙处。这将通过与地质图重叠的方式进行测试，以确定是否存在由构造或岩性干扰引起的异常值。该方法已用于验证差异侵蚀的假设，以及岩性和构造控制的发生。本书以 30m 空间分辨率 ASTER GDEM 为基础，借助于自动化地学分析系统（SAGA）开源软件，利用地形测量分析中的地形测量功能（http://www.saga-gis.org），绘制了地形测量曲线。根据式（2-3）计算面积-高程积分值：

$$\mathrm{HI} = (\text{平均高程}-\text{最小高程})/(\text{最大高程}-\text{最小高程}) \tag{2-3}$$

HI 和地形起伏曲线通常被用来解释地貌演化和侵蚀过程的相对阶段。曲线形状的差异和某一特定地形的梯度积分值被认为与侵蚀力和构造力平衡的不平衡程度有关（Strahler，1952；Weissel et al.，1994），凸曲线表示流域的更多面积（或岩土体积）位于相对较高的纬度。在这种情况下，坡面扩散过程，如滑坡、雨溅、细沟侵蚀、土壤蠕变等，发挥了更大的作用。凹曲线表示盆地的大部分面积（或岩石和土壤的体积）保持在相对较低的海拔，流域内的大部分物质已从较高的地区搬运走，或转移到较低的地区，或完全被搬运出流域盆地表明流域盆地内以河道化/线性/河流/冲积过程为主。

2.4.3 标准化河长坡降指标（SLK）和 Hack 剖面

在形态构造分析中，河长坡降指标已被用作检测岩性和构造对地形影响的有效工具（Troiani and Della Seta，2008；Font et al.，2010）。河长坡降指标指的是河流任意两点间的高程差与两点间的水平距离之比值，简言之，即为单位河长内的落差。河流长度梯度指数（SL）显示了沿河段的河流侵蚀力的变化，该指数对河道坡度的变化非常敏感，因此可评估最近的构造活动和/或岩石抗侵蚀能力。在 Hack（1973）的研究中，该指数被认为是河流坡度和河源与河段点的水平长度的乘积，以根据河流坡度与流域面积范围之间的关系来确定河流是否处于地貌平衡状态。该指数的应用将允许识别被视为“异常”的河段。河流穿过不同的岩性和构造区域，会受其影响而呈现出不同的抗侵蚀能力，对于河流的侵蚀会表现出不同的侵蚀速度，从而引起河长坡度变化，所以反映在该指数数值上，河流坡度 S 会相应变大或变小。在出现均匀的岩性基底时，异常将被解释为与构造运动或各种岩石抗侵蚀性有关。河流长度梯度指数（SL）是定量反映河流纵向几何形态的参数，受构造和/或岩石阻力变量的强烈影响。SL 突出了河道沿线的坡度变化，对河道坡度变化非常敏感（Keller and Pinter，2002；Perez-Peña et al.，2009）。为此，本书采用 SL 来了解丹霞地貌可能的构造活动、岩石阻力和地形变化之间的关系。Hack（1973）定义了河流长度梯度指数，方程如下：

$$\mathrm{SL} = (\mathrm{d}h / \mathrm{d}l) \times L$$

式中，dh/dl 为河段的坡度；L 为河源至河段中点的水平长度（图 2-5A）。对于流经均匀岩石类型和区域均匀抬升率（在均衡条件下）的分级河流，河流将形成理想的、平滑的凹面纵剖面，数学上表示为指数曲线（图 2-5A）（Hack，1973；Seeber and Gornitz，1983）。纵剖面的半对数图称为 Hack 剖面（Hack，1973）。在均衡条件下，河道将产生一条直线（图 2-5B），并在以下方程式中定义：

$$H = C - k \cdot \ln L$$

式中，H 为给定基准面以上的高程；L 为河源与河段点的水平长度；k 为线性构造坡度；C 为河上游源头高程。式（2-2）关于 L 的推导（Burbank and Anderson，2012）得出了河流坡度 S 的公式，如下所示：

$$S = (\mathrm{d}h) / (\mathrm{d}l) = \mathrm{d}[k \cdot \ln L] / (\mathrm{d}l) = k / L \qquad (2\text{-}4)$$

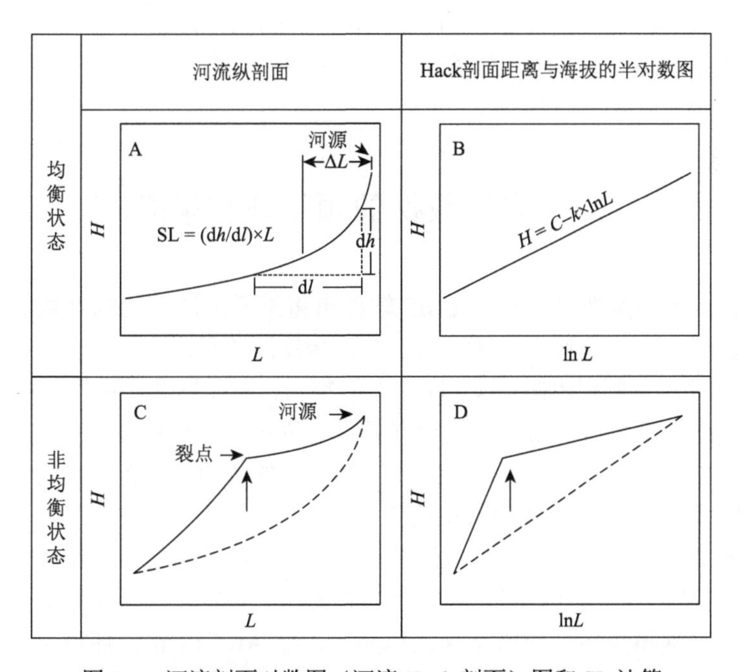

图 2-5　河流剖面对数图（河流 Hack 剖面）图和 SL 计算

A. 处于平衡状态的分级河流的理想凹形纵剖面。B. 理想河流纵剖面的半对数图（也称为 Hack 剖面），在均衡条件下，它是一条以 k 为斜率的直线。C. 分级河流的不平衡性，显示出一个明显的裂点和一个较陡的下游。D. C 中相应的河道剖面

由式（2-1）和式（2-4）可知，线性构造坡度 k 即坡度和河流长度的乘积。它可以用来表征整个河流纵剖面或任何河段。当 k 作为整个河流剖面的参数时，它表示给定河流的均衡条件（图 2-5A、B）。由于 SL 的设定方式，不同长度河流

的 SL 值存在偏差，难以对不同河流的 SL 异常进行对比。因此，在对不同长度河流的 SL 值进行比较时，必须使用标准化系数。*k* 已在一些研究中用于标准化 SL 值，该指数可用于不同长度河流的比较，以及绘制 SLK 异常图。通过这种标准化，不同长度河流之间的标准化河长坡降指标（SLK）是可以进行对比的（Perez-Peña et al.，2009）。通过基于 GIS 的程序来生成 SLK 图和识别 SLK 异常，SLK 图可提供良好的结果和明确的异常，并适当地反映研究区的主要构造和岩性特征（Pérez-Peña et al.，2009）

为了对不同长度的河流进行比较，得到一个完整的 SL 图。*k* 通常用于对河长坡降指标进行规范化以得到标准化河长坡降指标（SLK）。在实际应用中，理想状态的河流均衡纵剖面是很少见的。河流坡度偏离理想的光滑形状可能反映了河床抗侵蚀性的岩性变化或岩石抬升速率的变化。河道调整将产生更陡的河段（裂点或区域），预计会出现更高的标准化河长坡降指标（SLK）值（图 2-5C）。可以观察到一个明显的裂点突出显示在 Hack 剖面上，因为它反映的是一个突然的侵蚀速度的变化而形成的一个陡峭的坡面（图 2-5D）。因此，Hack 剖面有助于确定突然变陡峭的河道坡度。

2.5 多源数据的预处理和集成

利用已出版的地质图通过 ArcGIS 软件可将纸质地质图扫描并数字化成栅格和矢量数据层。为了得到一个详细的地图，涵盖区域和地方特征，它们被编成一个地质基础图。专题地图是在基础地图上编制的。将野外采集的数据导入 ArcGIS 软件中，生成矢量数据，用于存储地理要素的位置、形状和属性。后期进行进一步的分析，如节理、断层、层理和露头运动指标的方向和位置。它们的位置是根据野外便携式 GPS 设备收集的数据确定的。

空间配准是一种应用的转换几何过程，包括缩放、旋转和转换图像以匹配特定的大小和位置。为了有效利用来自多个数据源的数据，必须将所有数据层地理参照到同一地理系统中。使用全球定位系统，在 ArcGIS 软件环境下，以通用横轴墨卡托投影（universal transverse Mercator projection，UTM）坐标系为地图投影，以世界大地测量系统（wideband global satcom，WGS）1984 为基准，利用空间配准工具栏，对测量的地面控制点、本书中使用的所有数据层进行了空间配准。对图像进行空间配准的过程通常包括选择合适的地面控制点（选取图像上易分辨且较精细的特征点，如道路交叉点，河流弯曲或分叉处）对遥感影像进行几何精纠正，在指定它们的坐标并选择相关的转换类型之后，它们将在同一个系统中被引用。在卫星遥感成像过程中，由于受到传感器结构的内部因素，以及传感器方位变化、地球曲率、地形起伏、地球旋转等外部因素的影响，图像会产生一定的几何畸变，主要表现为位移、旋转、缩放、仿射和弯曲等。对于一组图像数据集中的两幅图像，通过寻找一种空间变换把一幅图像映射到另一幅图像，使得两图中对应于空间同一位置的点一一对应起来，从而达到信息融合的目的。

2.6　遥感图像预处理

对快眼（RapidEye）卫星图像进行预处理，包括大气校正、几何校正和颜色合成。这些处理提供了关于不同地表主题和更详细的额外地表覆盖特征的信息。

2.7　基于数字高程模型（DEM）和地理信息系统（GIS）的丹霞地貌形态分析

1. 数字高程模型的编制和预处理

本书使用的数字高程模型有两种类型：全球数字高程模型（ASTER GDEM）和在 ArcGIS 中由地形图等高线（比例尺为 1∶20000）转化得到的高分辨率数字高程模型。ASTER 卫星传感器提供覆盖大面积的可靠高程数据集。全球数字高程模型是从美国地质调查局网站上下载的，因为龙虎山地区正好处于 ASTER 遥感影像的几个图景之间，下载下来的卫星影像通过拼接和裁剪后，得到所需的数字高程模型，以适应龙虎山地区。高分辨率数字高程模型源是通过从地形图（比例尺为 1∶20000 和 5m 等高线间隔）使用克里格插值法。所有获得的数字高程模型（DEM）的单元大小都按 10m 的网格间距调整为 10m，以便以后进行数据处理。对快眼（RapidEye）卫星图像进行预处理，包括大气校正、几何校正和颜色合成。这些处理提供了关于不同地表主题和更详细的额外地表覆盖特征的信息。

2. 利用 ArcGIS 软件的空间分析扩展工具生成数字高程模型（DEM）指数

数字高程模型（DEM）是提取重要地形信息的常用方法。地貌分析可以为数字高程模型（DEM）提供一种快速有效的评估方法，并能对地表特征进行深入了解。检查与气候、岩性、构造控制因素、侵蚀相关的地形参数（数字高程模型的一阶指数）有关的各向异性特征，如高程、坡度，高分辨率数字高程模型（DEM）

包含更多关于当地地形的详细信息，因此基于高分辨率数字高程模型可以计算出的与侵蚀相关的衍生参数如图 2-6 所示。

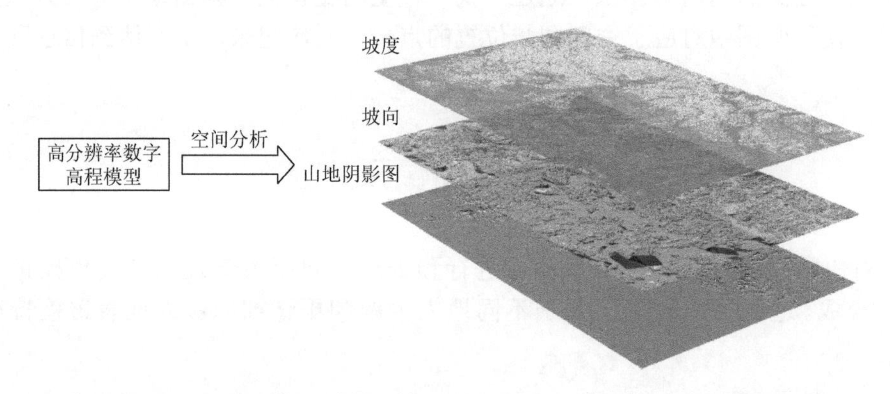

图 2-6　基于高分辨率数字高程模型可以计算出的与侵蚀相关的衍生参数

3. 利用 Arc Hydro 水文分析工具从 ASTER GDEM 中提取用于形态计量分析的流域盆地

具体步骤包括：①水系和河流纵剖面的圈定；②河流长度梯度指数（SL）、面积-高程积分和等高线的生成；③断点和剖面提取及其模式；④SL 异常并结合地质图和岩性图确定岩性或构造控制因素对丹霞地貌的塑造。

利用 ArcGIS 软件的水文分析工具（Arc Hydro tools）从搜集并预处理的龙虎山区域的 ASTER GDEM 中提取流域、次级流域、河流长度，汇流累积量、流域边界等水文信息。数字高程模型（DEM）在表面有轻微的不规则，如凹陷，不反映真实的形态。为了消除原始数据中一些数值等不规则性，数字高程模型（DEM）被专门应用于“填充”程序。3.0km^2 的累积面积阈值适用于分水岭提取，最适合观察到在龙虎山地区的常流河。利用丹霞地貌两组成景地层（河口组和塘边组）的岩性界线，来筛选提取出来的流域盆地，以确保选定的流域盆地覆盖了龙虎山丹霞地貌区域，并根据这些划定的丹霞地貌区域的流域，进一步提取地貌形态指数和计算，来对流域盆地内的地貌侵蚀状况做出量化评价。

这些处理使用 ArcGIS 的空间分析扩展工具模块。此外，利用数字高程模型（DEM）的人工模拟照明，在数字高程模型（DEM）基础上生成了 8 幅地貌晕渲图。地貌晕渲图是一种较常见的数字测绘产品，它通过模拟阳光入射产生的明暗程度反映地貌的分布、起伏和形态特征。这种技术被称为山地阴影图。以往的研究证明，利用不同方向光照得到的山地阴影图，对识别不同地形地貌的线性特征非常有帮助（Wise，1969；Rahiman and Pettinga，2008；Jordan and Csillag，2001）。

2.8　野外地质调查

1. 构造地貌特征测量观测

传统上认为构造环境和岩性特征控制着侵蚀地貌的发育，如由于不同的风化和侵蚀而形成沟壑网络和山谷。本次调查收集了基于露头的地质地貌特征，如裂隙的几何方向、层理方向、运动学指标和地貌形态。地层学、地貌学和微地貌学特征的观测是遥感数据中无法探测到的补充数据，对理解丹霞地貌的地表过程具有重要意义。

2. 地面控制点（GCP）

收集龙虎山地区内分布合理的地面控制点，作为后续遥感影像的空间配准。为了空间配准多源地图和数据方面，以传统方式使用手持全球定位系统（GPS）接收器在野外记录了全球定位系统的地图位置（Kardoulas et al.，1996；Kadota and Takagi，2002）。选定的地面控制点应清晰地表示遥感图像中的可识别点，如道路交叉口、河流桥梁和大型低矮建筑物。根据以往研究，控制点要求在龙虎山区域内均匀分布至少8个点（Congalton and Green，2008），本案例中一共收集了12个地面控制点，这些控制点选择在龙虎山区域内均匀分布的道路交叉口、河流桥梁和大型低矮建筑等容易辨识的地理信息点，用于后续的遥感影像地理坐标配准。

3. 野外调查和数据搜集

作者于2010年和2012年在三个丹霞地貌区进行了实地调查。野外调查的主要目的是收集基于野外的裂隙几何特征、断层、节理和层理的方向以及运动学指标的特征，并记录对微地貌的观测信息。裂隙包括所有脆性结构，如节理、断层、层面，一般来说，裂隙被定义为主要的拉伸（I型）裂隙，因此，它们与特征应力、应变和位移场有关。它们与小断层的区别在于其独特的表面结构和缺乏剪切位移。在已确定明显偏移的位置绘制断层图，通常在地表上形成滑纹（滑溜线）。确定运动感觉的标准基于Petit（1987）中概述的方法。

在实地调查期间，确定了与几种断层类型相关的野外印证：

（1）正断层（伸展倾斜/斜滑断层）。

（2）逆断层（挤压性倾斜/斜向滑动断层）。

（3）走滑断层（右旋或左旋）。

4. 构造裂隙数据呈现方式

对野外数据和数字高程模型（DEM）提取数据作走向玫瑰花图、赤平极射投影及极点等密度图用于对比分析，揭示构造与丹霞景观之间的关系，并利用区域构造的运动模型来解释龙虎山丹霞地貌的成因与控制因素。如断层、节理、层理可以在玫瑰花图上显示，玫瑰花图用于显示裂隙等结构的不同分布趋势（图 2-7）。构造裂隙数据也通常用赤平极射投影表示（图 2-8）。

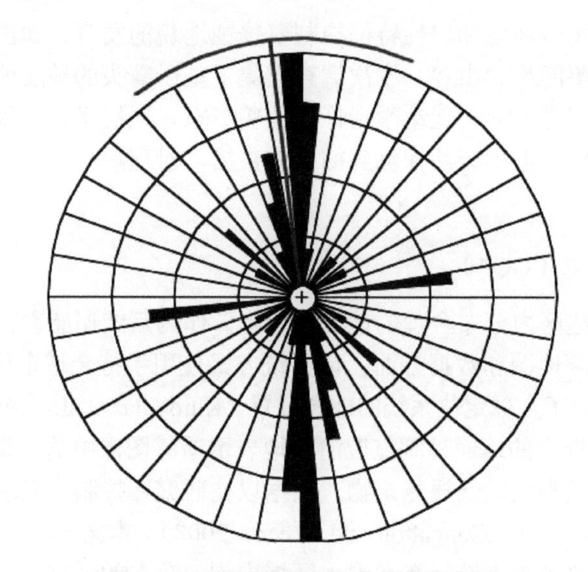

图 2-7　显示裂隙分布趋势的玫瑰花图

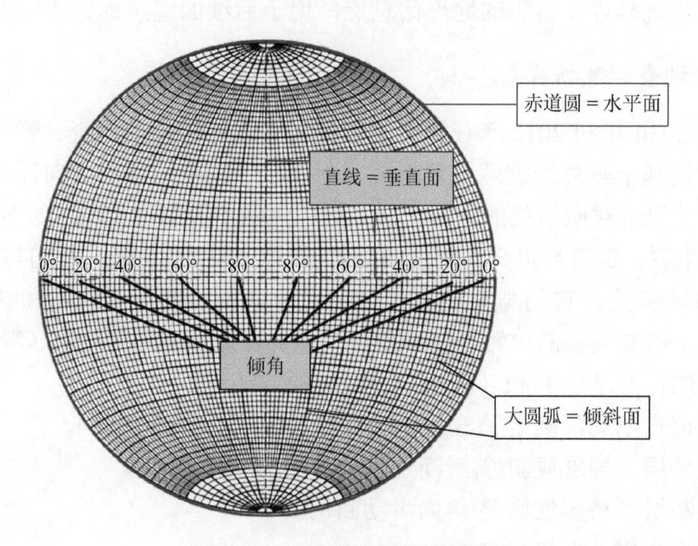

图 2-8　下半球的赤平极射投影

第3章　龙虎山丹霞地貌与构造控制因素

本章基于作者多年的探索，提出了对丹霞地貌成因分析的基础方法：运用数字高程模型、遥感、地理信息系统和野外调查等方法，解释和分析龙虎山丹霞地貌形成的构造控制因素。从数字高程模型中提取负地形线性构造，反映丹霞河谷和陡崖的地表表现，可能与节理、断层和剪切带有关。

野外资料提供了丹霞地貌区露头规模的断裂模式和运动学指标，可用于识别可能具有构造成因的线性构造。结果表明，这些主题之间存在明显的相关性。本书提出了一个两阶段走滑运动模型来解释龙虎山地区大部分的线性构造、断层、节理几何和陡崖空间分布。本章对丹霞地貌形成的构造控制作用进行了定量分析，结果表明，丹霞地貌演化过程中构造对地貌的控制作用可能比以往认为的更为广泛和重要。

3.1　丹霞地貌与构造的关系

地貌和地质构造的关系很早就受到人们的注意。在19世纪80年代，戴维斯指出，构造是地貌发育的三大因素之一。地质构造指的是久远地质时期构造运动所造成的各种构造，如岩层褶曲而成的背斜、向斜，岩层错断而成的逆冲断层、正断层等，以及它们的复合体。新近纪以来的构造运动称为新构造运动。新构造运动按其运动方向可分垂直运动和水平运动（图3-1）。地壳垂直方向运动使地形产生高低变化，大范围内表现为上升的山地、丘陵、高原或台地，下降的平原或盆地；小范围内表现为断层陡崖、断层山等。另外，在水系的反映上表现为水系的排列形式，如地面大面积倾斜上升形成平行状水系，局部的隆起和凹陷依次形成放射状水系和向心状水系，沿穹状隆起的边缘形成环状水系。间歇性上升运动可能形成阶梯状的地貌，如山麓阶梯、河流阶地等。大范围的地壳水平运动使地壳产生挤压或拉张。挤压区形成大陆边缘的岛弧、大陆上的褶皱山系和高原。拉张区形成大洋中脊、大陆上的大裂谷和断陷盆地等。

丹霞地貌是发育在红色陆相碎屑岩上以赤壁丹崖为特征的一类地貌类型。它的景观特征包括陡峭的崖壁、塔式的山峰、各种类型的洞穴等。在研究丹霞地貌之初，就有学者注意到丹霞地貌与构造的关系。目前的研究表明，丹霞地貌是红层经历构造运动后，受外力的侵蚀作用而形成的一种特殊的地貌景观。它对构造

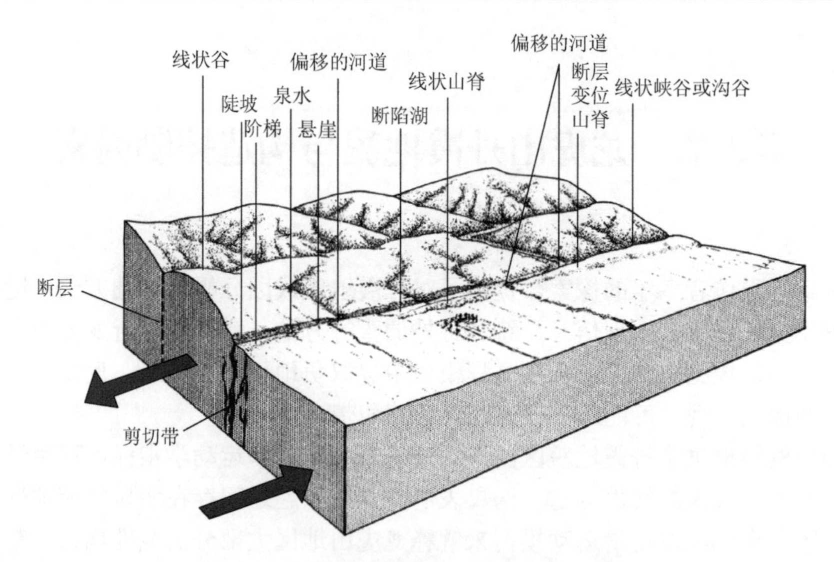

图 3-1　走滑断层控制发育的构造地貌模型

箭头代表地块的运动方向

的反映不言而喻（图 3-2，图 3-3）。尽管对丹霞地貌的研究已有八十多年的历史（从定义丹霞地貌开始），以赤壁丹崖为特征的丹霞地貌的概念也逐渐被接受，但是前人的研究多数是集中在陡峭的崖壁、红色沉积岩等定性的观察描述上，少有研究定量地分析丹霞的形成原因。这就很难对它进行学术上的分类，也难以将它与其他地貌进行区分，如塔式的喀斯特地貌景观。

图 3-2　丹霞单斜山（龟峰）

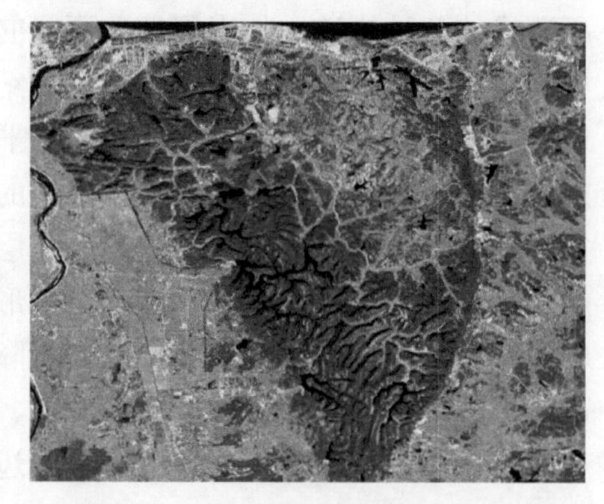

图 3-3　受构造影响的水系（象山）

龙虎山是中国东南典型的丹霞地貌模式地，具有代表意义（图 3-4）。在利用遥感提取线性构造的基础上，结合野外调查数据，阐明丹霞地貌与构造的关系并用简单的运动模型来解释龙虎山地区丹霞地貌的形成。

图 3-4　龙虎山地区丹霞地貌实例

照片拍摄方向为东北方向，白色箭头所指向的是一组陡近垂直、北东走向的断裂，它们穿过山体，对应于从该地区提取的北东向线性构造特征

从以往的研究中，人们普遍接受“陡峭的崖壁”是丹霞地貌的主要特征之一（黄进等，1992a，1992b；彭华，2011；彭华和吴志才，2003）。陡崖是侵蚀和风化作用形成的侵蚀地貌，也可能是地质断层（陡崖）的运动形成的（Quartau et al., 2010）。然而，以前的研究并没有解决这些陡峭陡崖构造起源的论证问题。一些人注意到构造结构可能控制陡崖的位置和方向，但没有提供进一步的定量或统计分析来支持这一假设（黄进，2003；姜勇彪，2010）。根据野外观察，黄进等（1992a，1992b）和彭华（2001）认为丹霞崖是由沿下伏软弱地层的优先风化和侵蚀，以及沿不确定成因表面的上覆较坚硬岩层的重力崩塌而形成的。最近，研究应用了更多的定量方法（地貌学），使用的参数包括河流长度坡度指数（SL）（Zhang et al., 2011），这个研究工作的地点是分布在华南褶皱带的广东仁化丹霞山。Zhang 等（2011）表明异常高的 SL 值经常出现在基岩切口受岩性差异和断层影响的点处。姜勇彪（2010）对龙虎山及附近地区晚白垩世信江盆地红层进行了线性构造分析。他利用 Landsat ETM + 遥感影像对线性构造的目视解译，研究了线性构造模式和丹霞地貌结构，探测了北北东、东北、西北和东西向的四个主要线性构造趋势。但江新胜没有提供野外露头资料来评价这些线性构造的可能成因，也没有提供形成丹霞地貌的线性构造之间的背景。

术语“线性构造”由霍布斯（Hobbs，1904）提出，并被定义为从航空照片或者卫星照片上呈现出的线形或曲线特征影像。从一开始，地质学家就认识到，线性构造在地球表面并不是随机出现的，部分线性影像被认为是和地壳的软弱带或诸如断层、火山链、岩墙群和区域裂隙带等构造形迹相关联（Hobbs，1904，1912）。但并非所有的线性构造影像都是具有地质含义的，它们也可能是地貌、植物分布或地下水位变化在图像上的色调差异的直观表现，需要进行甄别。大多数线性构造要么归因于断层，要么归因于受节理控制的断裂系统（没有相对偏移的断裂）。遥感的优点是提供天气概况，以查明大面积线性构造的特征（Drury，1987），并相对快速地分析区域地形以进行结构控制（Giles，1998；Millaresis and Argialas，2000；Bishop and Shroder，2000；Tucker et al.，2001）。自 20 世纪 90 年代初以来，高分辨率卫星图像和数字高程模型（DEM）的可用性不断增加，导致使用遥感和地理信息系统的景观研究应用越来越多（Florinsky，1998；Walsh et al.，1998；Ehlen and Wohl，2002）。沿断层运动形成的线性构造通常由特征地貌表示，如线性山谷、线性山脊线、坡折带、均匀坡向的陡坡、区域地貌各向异性和地形倾斜（Pike，2000）。

线性构造往往作为单个结构局部消失，但断裂趋势持续存在。节理或断层岩石呈现出许多软弱面，风化介质（如水）可以沿着这些软弱面渗透到岩体中，这些岩石中的独特结构形成一系列地貌（Leopold et al.，2012）。线性构造成因类型的研究为地貌发育的构造控制提供了认识。确定线性构造起源的主要限制是它们的平面图。线性构造成因的解释需要从野外资料中进行验证，如断层、节理、露头运动学资料、已发表的地质图中的地质构造，并根据龙虎山地区的构造历史进行分析。本书试图用线性分析方法了解丹霞地貌的构造控制和地貌特征的成因发展。本书在中国东南部典型丹霞地貌区的龙虎山，应用遥感、数字高程模型和地理信息系统等方法，结合野外调查，进行了线性构造提取和线性构造成因分析。

3.2　龙虎山地区的构造背景

龙虎山地区位于华南褶皱带内，经历了复杂的地质作用和构造演化，跨越了 10 亿年的地球历史。龙虎山反映了联合国教科文组织“中国丹霞”系列世界自然遗产 6 处中的丹霞原型景观之一（Ren et al.，2013）。它位于信江盆地南缘，武夷山以北（图 3-5）。信江盆地是一个与裂谷有关的陆相盆地，位于华南褶皱带（Tian et al.，1992；巫建华，1994；Ren et al.，2002；余心起等，2003；Zhang et al.，2012），形成于扬子地块与华夏地块之间沿北东（NE）向至近东西向的新元古代缝合带（Chen et al.，1991；Zhang et al.，2012）。

龙虎山地区范围内的地质构造为侏罗系、白垩系、第四系沉积岩；新元古代、中元古代变质岩；奥陶系、三叠系、志留系、侏罗系、白垩系岩浆岩。新元古代和中元古代变质岩以片麻岩为代表。高品位区域变质岩主要构成龙虎山地区东南部的元古宇基底［图 3-5（a）、（b）］。丹霞地貌由晚白垩世红层发育到武夷山北段

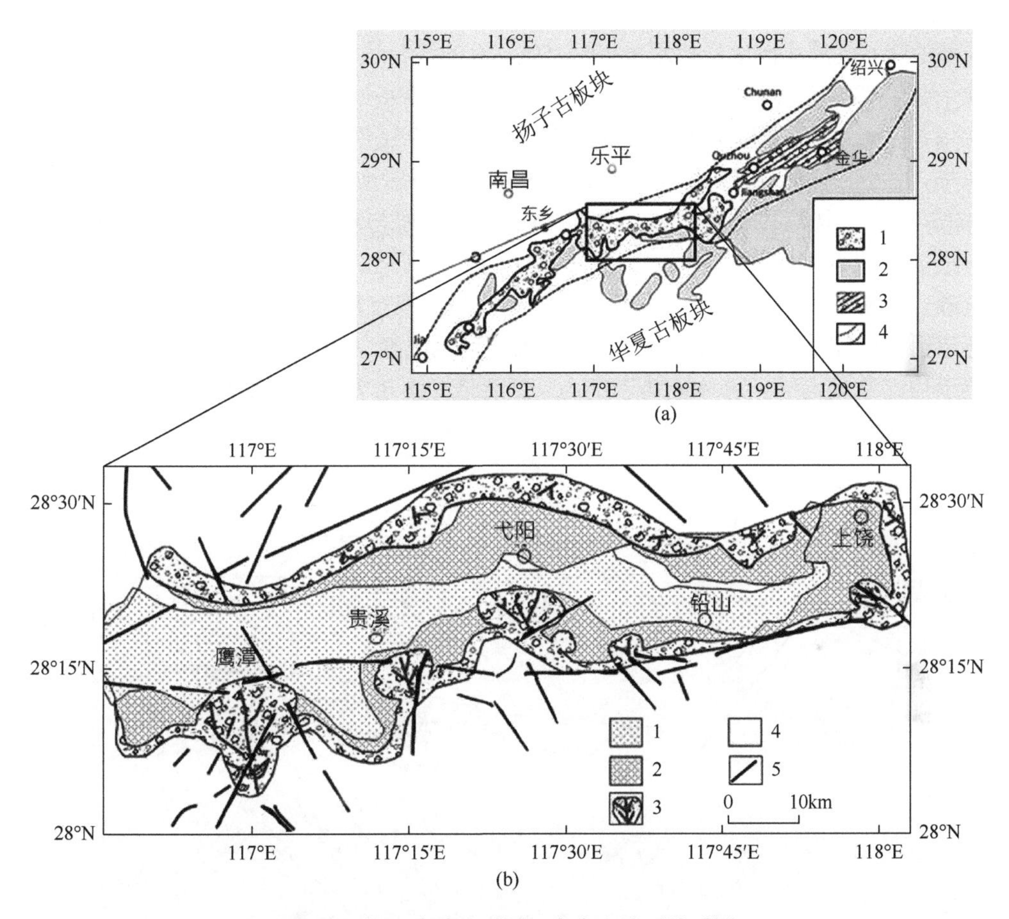

图 3-5　信江盆地地质图及龙虎山地区地质图

(a) 信江盆地地质图（修改自余心起等，2003），图例说明：1. 信江红层盆地（早晚白垩世—晚白垩世）；2. 火山岩地体主要由中酸性火山岩和浅成侵入岩组成（晚侏罗世—晚白垩世）；3. 金华-衢州红层盆地（早晚白垩世—晚白垩世）；4. 扬子古板块与华夏古板块之间的新元古代碰撞缝合带。(b) 龙虎山地区地质示意图（位于信江盆地中），图例说明：1. 晚白垩世细砂岩和粉砂岩；2. 砾岩和砂岩；3. 晚白垩世陆相冲积扇沉积，为粗砾岩角砾；4. 基底；5. 主要断层。龙虎山地区信江盆地南缘的三个大型晚白垩世冲积扇，发育成龙虎山地区三个丹霞地貌集中分布区（改自姜勇彪，2010）

（图 3-5），信江盆地晚白垩纪地层包括晚白垩世早期的赣州群和晚白垩世晚期的龟峰群。龟峰群从老到新依次为河口组、塘边组、莲河组，莲河组不在龙虎山地区内出现。赣州群由老到新分别为茅店组、周田组。龟峰群的河口组与下伏周田组均表现出微角度不整合或平行不整合接触关系，表明经过一度抬升剥蚀之后，断陷盆地进入稳定的发展时期，河口组扩展到信江盆地所有部位，甚至超覆于上侏罗统或更老的地层之上。这个时期的沉积层序仍以冲积扇体为主。古近系不整合覆于龟峰群之上。白垩纪红层，地层产状总体较平缓，以近于水平产状的地层为主（地层产状倾角 5°～20°），次为缓倾斜地层（地层产状倾角 20°～30°）以及局部的陡倾地层（地层产状倾角 40°～50°，有的甚至达 60°～70°）。岩石中的垂直节理十分发育，延深和两侧伸延均较大（凌联海，1996；江西省国土资源厅，2007）。河口组主要岩石类型为冲积扇成因的厚-巨厚砖红色砾岩角砾岩和砂砾岩（巫建华，1994；余心起等，2003；Lin，1996；江西省地质矿产勘查开发局，2017）（图 3-6）。塘边组由非常厚的、细的、紫红色砂岩与粉砂岩、钙质砂岩和泥岩互层组成，泥裂隙归因于河流成因。莲河组主要由砖红色砾岩和砂砾岩组成，含少量砂岩、粉砂岩、泥岩，为典型的辫状河、冲积扇沉积。Jiang 等（2008）提出了塘边组及少部分地区地层的风成成因，表明该地区晚白垩世为干旱古气候。龙虎山位于信江盆地南缘，总体地势东南高，西北低（图 3-7），丹霞地貌海拔多在 300m 以下。

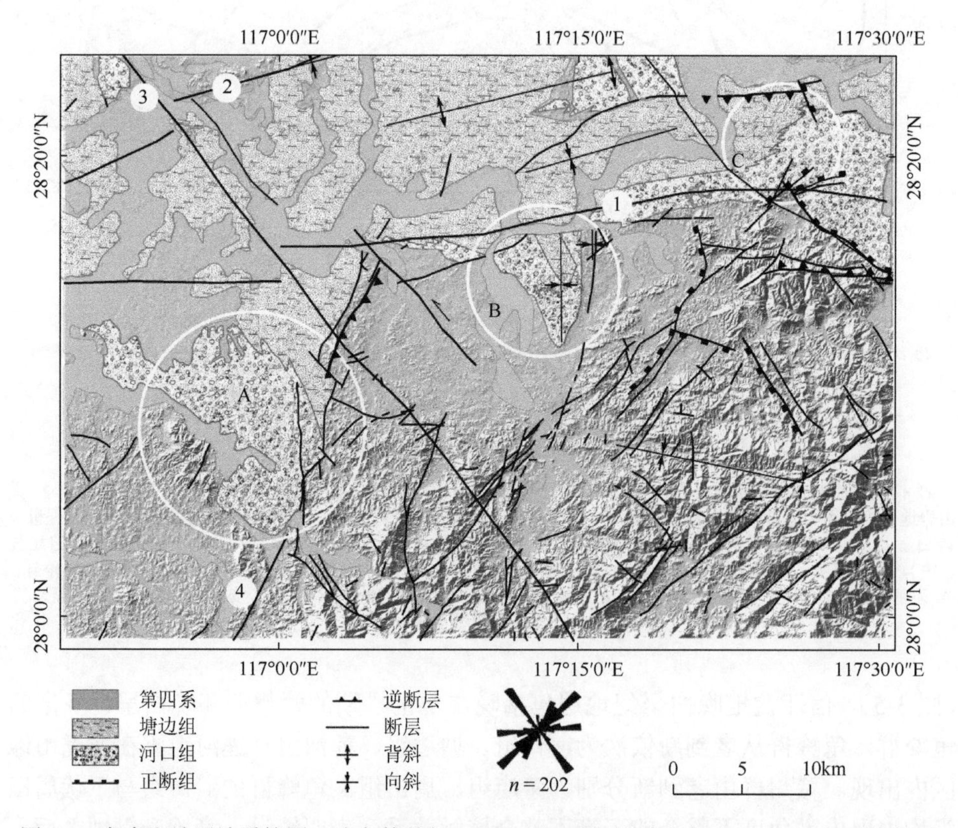

图 3-6　龙虎山地区地质简图（改自姜勇彪，2010；江西省地质矿产局，1984；江西省地质矿产勘查开发局，2017）

图中显示了主要构造要素和两个晚白垩世丹霞地貌成景地层，丹霞地貌集中分布在 A、B、C 三个范围内。数字标注不同的断裂带：①江山-绍兴断裂；②德兴-东乡断裂；③永修-鹰潭断裂；④鹰潭-安远断裂。下方的玫瑰花图展示了该图中所有断层的走向分布。断层走向总的趋势分别为北东、北北东、北西和近东西方向（根据姜勇彪，2010；江西省地质矿产局，1984 修改）

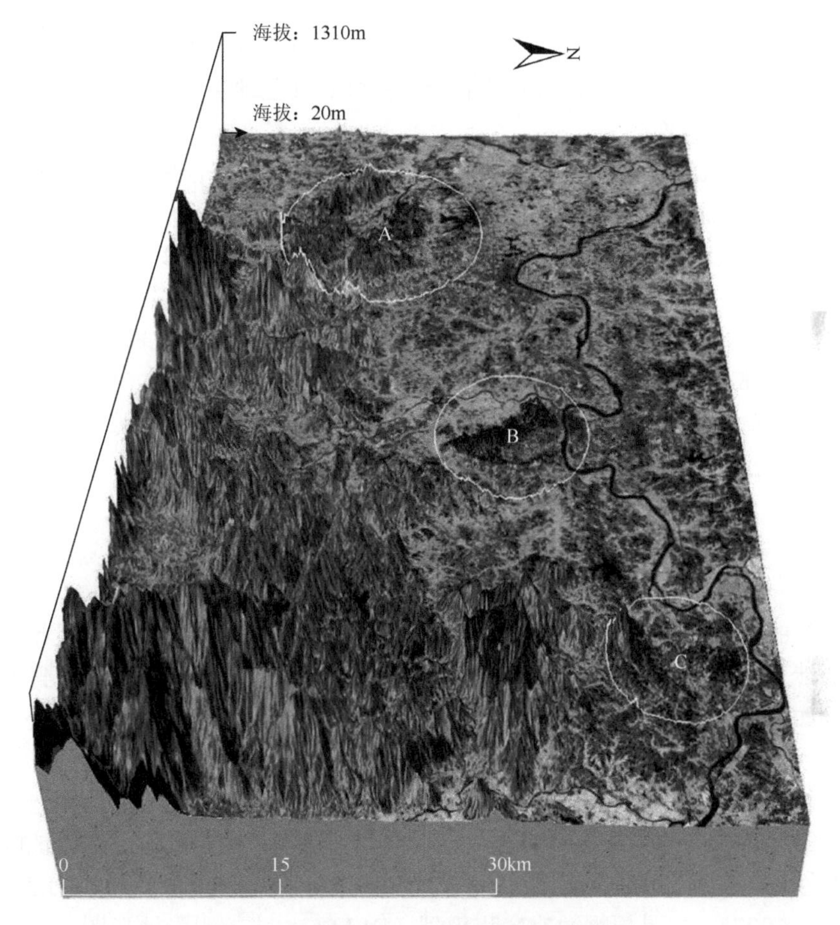

图 3-7　龙虎山地区卫星遥感三维影像模型

由快眼（RapidEye）图像与龙虎山地区 DEM 融合得到，该模型空间范围与图 3-6 相同。白色圆圈标记 A、B 和 C，表示丹霞三个地貌区的大致位置

龙虎山地区内分布有 4 条区域性断层。它们是近东西向的江山-绍兴断裂（JSF）、北东向的德兴-东乡断裂（DDF）、北西向的永修-鹰潭断裂（YYF）和北北东向的鹰潭-安远断裂（YAF）（江西地质矿产局，1984；Shu and Charvet，1996）。

这些断层将信江盆地分割成更小的断块（谢爱珍，2001），并在红层中生成了断裂系统。江绍断裂是一条著名的深断裂带，它界定了新元古代扬子古板块和华夏古板块之间的边界（Chen et al.，1991；Deng et al.，1997）。在不同的文献中，江绍断裂的长度被分别提及为 500km（Wang et al.，2013）、800 多公里（傅昭仁等，1999）和 2000 多公里（Zhao and Cawood，1999）。江绍断裂走向总的趋势为北东和近东西方向，在整个龙虎山地区内呈近东西向。该断层在石炭-二叠纪为右旋走滑运动（胡世玲等，1993），在 223Ma 前作为三叠纪左右的左旋剪切而重新活动（Wu，2005）。早白垩世，江绍断裂形成逆冲断层。中生代晚期—古新世期间，沿江绍断裂带形成了一个大规模的陆内裂谷盆地，红色地层被充填（邓平等，2002；Wu，2005）。

东北走向的德兴-东乡断裂标志着元古宇两个地体的缝合带，长约400km，宽30～40km（Ye et al.，1998）。德兴-东乡断裂又称赣东北断裂（Ye et al.，1998）或东乡-涉县断裂带（Shu and Charvet，1996）。在龙虎山地区以外的德兴-东乡断裂东北段，存在一个沿德兴-东乡断裂分布的古元古代蛇绿混杂岩带（Liu et al.，1989），北西向永修-鹰潭断裂又称余干-鹰潭断裂。断层约150km（熊孝波等，2008）。北北东向深部鹰潭-安远断裂又称鹰潭-定南断裂（Huang et al.，2014），大致形成于加里东运动时期（Dai et al.，2014）。鹰潭-安远断裂也可从航空照片和地震层析成像实验中检测到（Huang et al.，1993）。

3.3 评价方法

本章的主要目的是了解和评估龙虎山丹霞地貌形成的控制因素。因此，方法论主要涉及两个部分。一部分是通过数字高程模型（DEM）线性构造与野外实测资料（如断裂、层理的方位、几何形态及运动学资料）的对比，验证构造对丹霞地貌成因的控制作用。另一部分是基于数字高程模型（DEM）和地理信息系统的流域地貌分析，通过地貌形态指数评价丹霞地貌的侵蚀阶段和可能的构造岩性控制。丹霞地貌成因的构造控制研究包括五个补充途径：一是提取龙虎山地区的负地形线性构造，反映潜在断裂带、河谷和山脉方向（Wise et al.，1985；Juhari and Ibrahim，1997）。二是根据数字高程模型（DEM）生成的阴影地形图，手工绘制线性构造图，并对其进行分析，以确定丹霞地貌区及其相邻基底的区域断裂模式。通过与主要断裂的对比，揭示区域断裂对丹霞河谷、山脉和陡崖形成的构造控制背景。三是遥感数据（卫星图像）和数字高程模型（DEM）的解释。四是借助野外调查资料，根据节理和断层类型，对这些线性构造进行运动学验证和推断。五是在更广阔的区域构造视角下，对研究结果进行综合分析，以期了解丹霞地貌的构造控制作用。

针对丹霞地貌的形态计量研究，本章从数字高程模型中计算出反映地表几何形态的相关地貌形态指数。本章选取标准化河长坡降指标、等深线积分和曲线、河流纵剖面等无量纲地貌形态指数，评价丹霞地貌形成的侵蚀状况和构造岩性影响。主要步骤包括：首先，利用ArcGIS软件中的Arc Hydro工具模块进行河流流域划分；其次，计算地貌形态指数；最后，将得到的地貌形态指数与地质图进行比较，分析这些主题之间的相关性，从而揭示形成这些地貌形态的控制因素的相关性。

3.4 基于数字高程模型与地理信息系统的线性构造的提取

由数字高程模型提取的线性结构通常被认为是地层结构的表面表达。线性构造由霍布斯（Hobbs，1904）提出，泛指航空照片和卫星照片上呈现的线性影像。但长期以来，地质学家对这种影像特征的地质含义理解并不相同。部分线性影像是诸如断层、火山链、岩墙群和区域裂隙带等构造形迹的直接反映；但有些线性影像并不具有地质含义，它们可能是地貌、植物分布或地下水位变化在图像上的直观表现。在这项研究中，主要关注的是负地形线性构造，它可能代表节理、断层和可能的剪切带（Juhari and Ibrahim，1997；Koch and Mather，1997；Solomon and Ghebreab，2006）。从高程数据直接得出的线性仅依赖于地形特征。因此，诸如街道、地界等的伪像本身可以被排除，因为它们不包括在数字高程模型中。与Landsat ETM + 卫星等多光谱图像中的线谱提取相比，该方法可以通过模拟不同光照来增强不同取向的地形线。

区域尺度的线性地形图是以 ASTER GDEM 为基础提取出来的，考虑到区域地质的关联性，它覆盖了龙虎山和邻近的火山岩地区基底，可作为分析龙虎山丹霞地貌线性形态构造的参考。三个丹霞地貌区的线性构造由地形图衍生的高分辨率数字高程模型（DEM）绘制，而 ASTER GDEM 用于整个区域大范围的形态构造线性提取，而 1∶20000 比例尺地形图的高分辨率数字高程模型用于三个丹霞地貌区的线性提取，因为它包含了丹霞地貌区更多的地形信息细节。山形栅格中的线性地形特征通常更明显，并且可以区别于线性色调特征。在这项研究中，将绘制的线性构造与 5m 分辨率（RapidEye）卫星影响和地质图进行比较，以消除岩性边界和人工道路和铁路特征。

根据 Wise（1969）以及 Rahiman 和 Pettinga（2008）介绍的方法，对线性构造进行识别和分析。线性构造在此被定义为最小长度为 1km 的负地形特征。山体阴影图（hillshade raster）不仅很好地表达了地形的立体形态，而且线性地形特征通常可辨识度更高，并且可以与线性色调特征（如整齐排列的树木）区分开来。本章主要关注的是负地形线性构造，因为它可能代表节理、断层和可能的剪切带（Juhari and Ibrahim，1997；Koch and Mather，1997；Solomon and Ghebreab，2006）。此外，利用计算机生成的太阳光线角度和方位角的变化、数字高程模型（DEM）数据中的高度放大和阴影晕渲地形图的生成来辅助地形线的增强和识别。将绘制的线性构造与 5m 分辨率的快眼图像和区域地质图进行对比，以消除岩性边界、人工道路和铁路特征。利用全球数字高程模型建立了 8 个太阳高度为 30°，太阳方位角分别为 0°、45°、90°、135°、180°、225°、

270°和 315°的阴影晕渲地形图模型。多个太阳角在数字高程模型（DEM）上产生阴影效果（阴影晕渲地形图），并从各个方向突出显示线性构造图（图 3-8）。从高程数据直接得出的线性仅依赖于地形特征。因此，街道、场地边界等本身可以排除，因为它们不包含在 ASTER GDEM 中。接下来，在 8 个地形图模型中的每一个模型中用视觉识别地形线，然后组合成一个线性构造分布图。此外，利用计算机生成的模拟太阳光线角度和方位角的变化、数字高程模型（DEM）数据中的高度放大和阴影晕渲地形图的生成来辅助地形线的增强和识别。通过绘制根据阴影效应（图 3-8）识别的地形的突然线性变化来追踪线性构造。利用 ASTER GDEM 绘制包括东南部基底的区域尺度线性构造图，覆盖了龙虎山及其邻近的基底。利用 1∶50000 比例尺地形图的高分辨率数字高程模型，绘制了龙虎山地区三个丹霞地貌区的线性构造图。

单个线性特征的主要几何特征是方向和长度（连续性）（Jordan and Csillag，2001）。因此，利用方位频率玫瑰花图和长度加权方位频率玫瑰花图绘制的玫瑰花图对这些提取的线性进行统计和方向分析（图 3-8，图 3-9，表 3-1）。

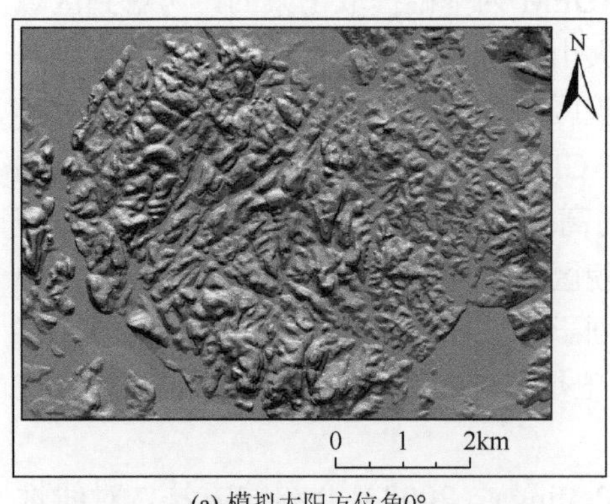

(a) 模拟太阳方位角0°

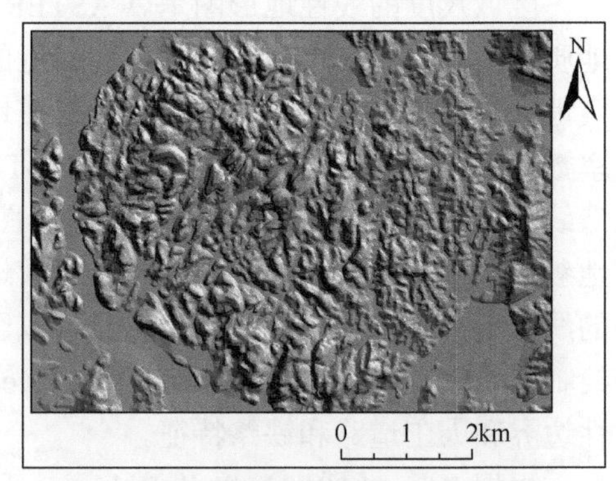

(b) 模拟太阳方位角45°

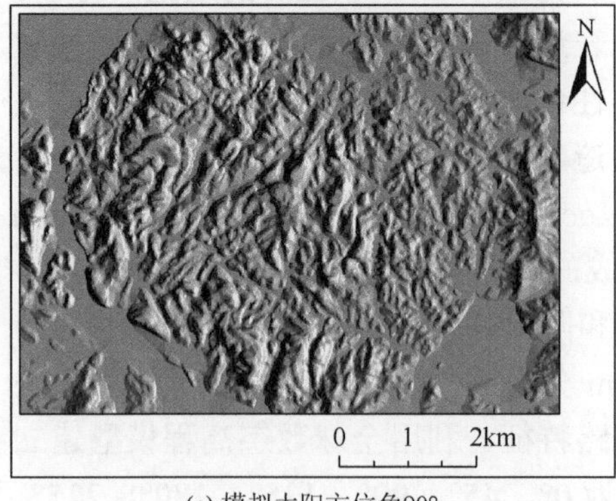

(c) 模拟太阳方位角90°

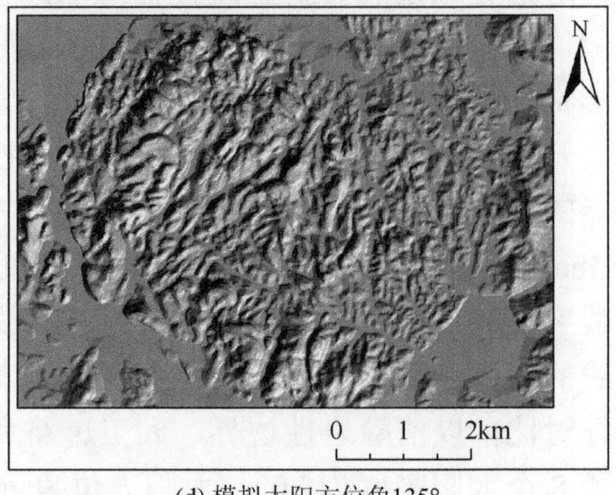

(d) 模拟太阳方位角135°

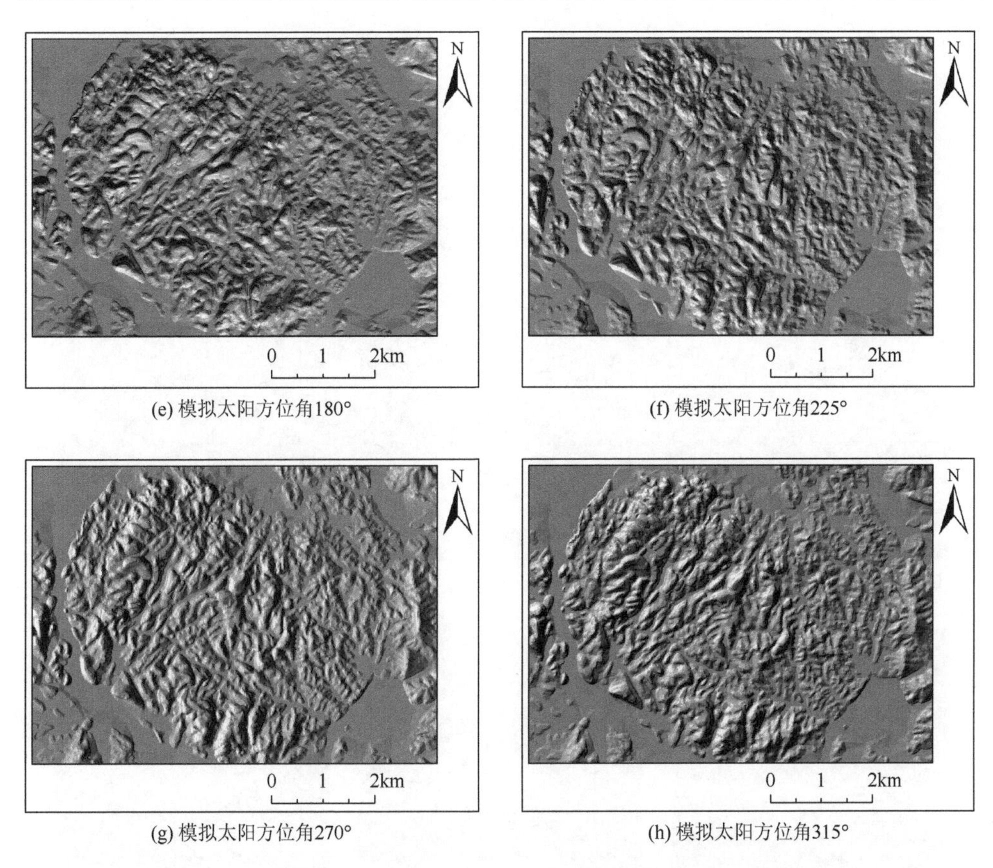

(e) 模拟太阳方位角180°　(f) 模拟太阳方位角225°

(g) 模拟太阳方位角270°　(h) 模拟太阳方位角315°

图 3-8　8 幅由数字高程模型（DEM）获得的阴影晕渲地形图图像

模拟太阳方位角为 0°、45°、90°、135°、180°、225°、270°和 315°，太阳高度为 30°。只展示了龙虎山地区的一小部分用于演示

玫瑰花图被分成 10°的间隔。方位频率玫瑰花图显示了走向方位线频率分布。长度加权方位频率玫瑰花图使用附加的线性构造长度作为加权因子，以过度强调主要线性构造，可能对应于重要剪切带、断层、裂谷带和主要构造或边界（Gupta，2003）。

在这项工作中，利用所得到的数字高程模型（DEM），在龙虎山三个丹霞地貌集中的区域提取与负地形相关的线性构造特征，因为峡谷、线性分布的陡崖崖壁都是这些负地貌类型，从而这些线性特征的走向分布也反映了丹霞山谷和陡崖的实际空间方向。龙虎山地区的三个丹霞地貌集中的区域，具有相同的外部气候条件、岩性类型，但发育了形态各异的丹霞地貌景观以及不同的地貌组合（姜勇彪，2010）。

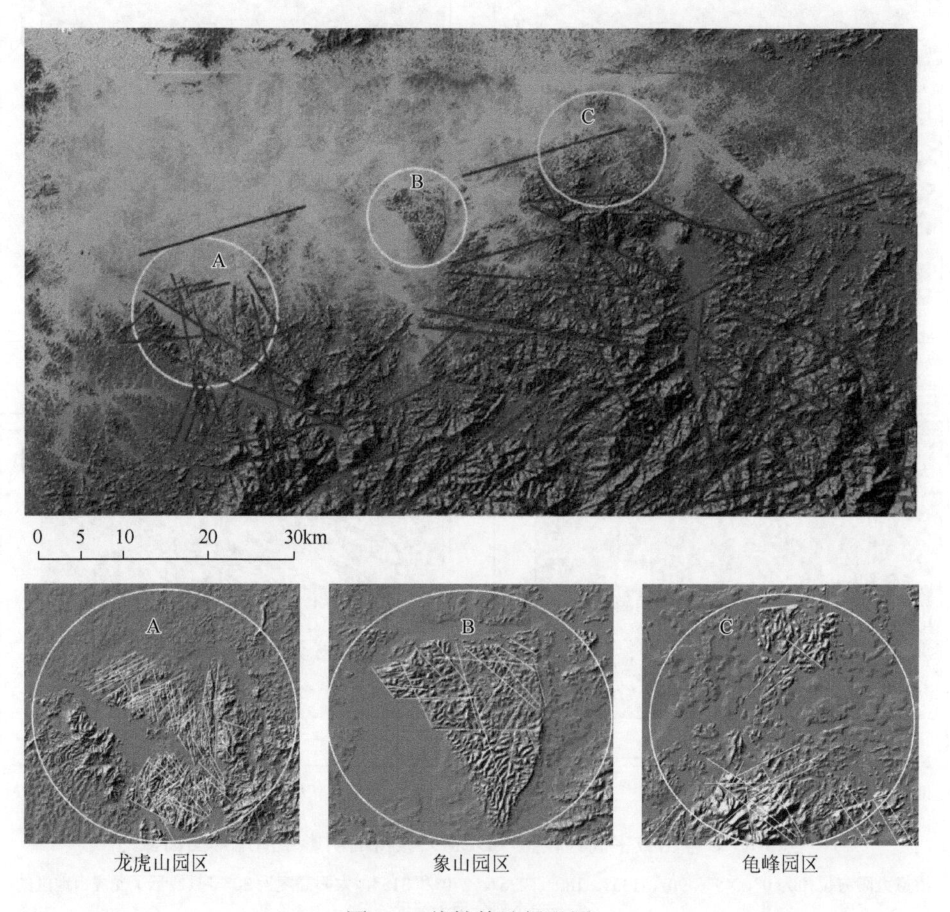

图 3-9　线性构造提取图

图中黑色线条为从龙虎山及其周边基底 DEM 中大范围提取的线性构造，白色圆形区域 A、B、C 为三个主要丹霞地貌集中分布区域，圆圈内的白色线条为从三个区域 DEM 中提取的线性构造

表 3-1　龙虎山地区裂隙与线性构造统计表

区域	从 DEM 中提取的线性构造玫瑰花图		野外实测裂隙数据统计		
	按长度加权方位频率玫瑰花图	方位频率玫瑰花图	玫瑰花图（野外实测裂隙）	赤平极射投影图（野外实测裂隙）	极点等密度图（野外实测裂隙）
龙虎山区域	N W E S $n = 110$	N W E S $n = 110$	N W E S $n = 72$	$n = 72$	$n = 72$

续表

区域	从 DEM 中提取的线性构造玫瑰花图		野外实测裂隙数据统计		
	按长度加权方位频率玫瑰花图	方位频率玫瑰花图	玫瑰花图（野外实测裂隙）	赤平极射投影图（野外实测裂隙）	极点等密度图（野外实测裂隙）
象山区域	 N W E S $n=22$	 N W E S $n=22$	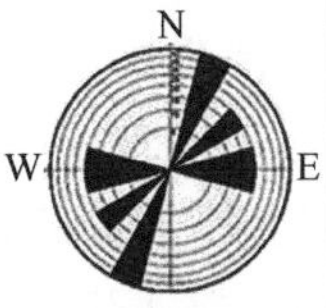 N W E S $n=5$	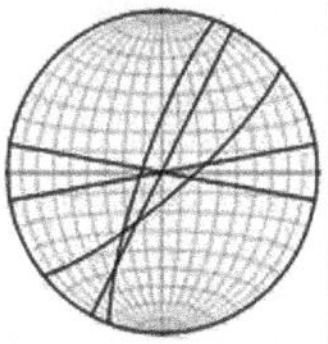 $n=5$	实测数据少
龟峰区域	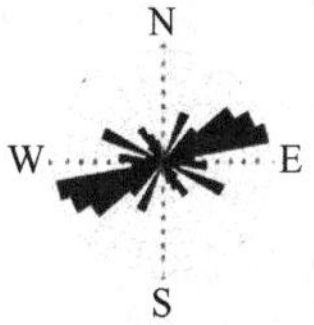 N W E S $n=48$	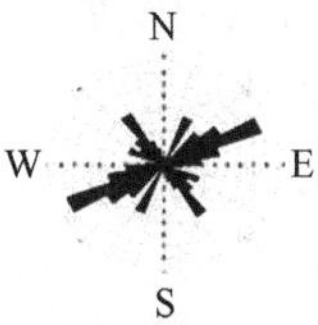 N W E S $n=48$	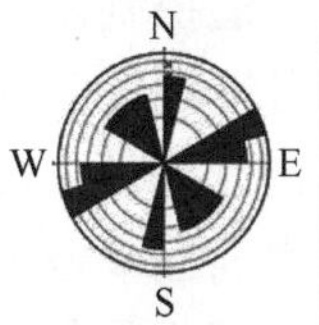 N W E S $n=16$	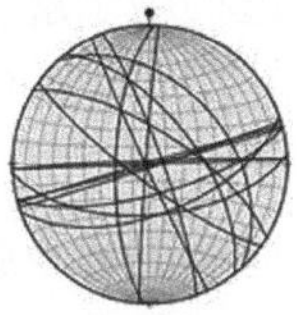 $n=16$	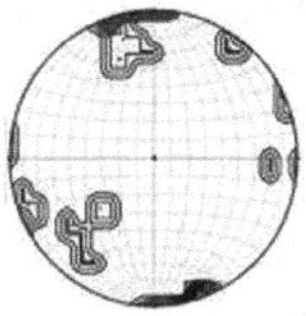 $n=16$
基底区域	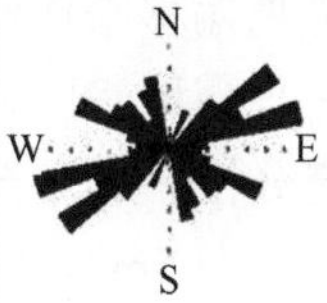 N W E S $n=72$	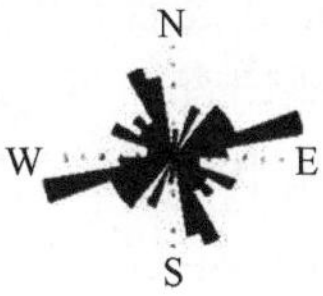 N W E S $n=72$			

另外，根据需要，为了更准确地了解龙虎山区域整体所处的构造环境，在我们的工作中，除了提取丹霞地貌区的线性构造特征，还特意将提取的范围扩大到丹霞地貌之外的基底区，可以通过对比丹霞地貌中线性构造与周边基底区的线性构特征，来了解区域构造是否控制了丹霞地貌的发育（图 3-9，提取结果数值与玫瑰花图见表 3-1）。小区域的提取主要集中在丹霞地貌集中分布的龙虎山区域的三个园区，其目的是了解丹霞地貌分布区的线性构造发育情况。从提取过程中来看，从基底大区域的提取主要是一些线性的山脉沟谷。对比现有的地质图以及野外的调查可以发现，这些线性构造主要反映了区域的断层。而在三个园区的提取主要是集中在丹霞陡崖的走向上，根据野外的调查，这些在数字高程模型（DEM）阴影上表现出来的线性构造大多反映为岩层中发育的构造裂隙，稍后 3.6 节会对解译的结果作较为详细的统计分析。地质图中露头运动学数据、断裂和构造特征的完整性可以为线性构造的发育提供构造控制证据，从而为验证丹霞地貌中最为典型的“赤壁丹崖”的红色陡崖发育的构造控制观点提供依据。

3.5 野外地质调查

在 2010 年、2012 年 8 月及 10 月，为了验证通过 DEM 所提取的线性构造成因类型而在龙虎山地区进行多次野外调查。主要的任务是对遥感提取的线性构造和现有的地质、地貌数据进行野外确认。调查的内容包括红层和切割红层（基岩）断裂的产状，以及从遥感影像中无法观察到的或者数字高程模型（DEM）数据中不能提取到的小规模的断裂，甚至毛细断裂。调查地点选择在分布有不同丹霞地貌的三个冲洪积扇区域，也就是三个园区。具体的区域见图 3-9 中的 A、B 和 C 区。运动学的推论将用于解释构造控制丹霞地貌的发展。野外观测到的重要剖面如 3.7 节所示。完成了主要数据集收集，包括地质资料、层理和裂隙方向、相关运动学指标和裂隙形态。野外调查提供了丹霞地貌中形成红层的小规模裂隙的信息，这些裂隙在遥感图像或数字高程模型上无法追踪，但在地貌演变中起着关键作用（Ehlen and Wohl，2002）。基于野外的断层探测是识别构造线系（即断层和节理面表示）的关键。在这项研究中，断层是通过岩石的可见偏移来探测的，从断层面上的滑面线推断出层和剪切作用。实地调查主要沿着丹霞地貌区内的道路和小径进行，以便于丹霞河谷之间的可达性和小径覆盖的充分性。利用全球定位系统（GPS）设备对所有野外数据进行地理空间定位（分辨率为 5m），然后作为矢量数据存储在 ArcGIS 软件中进行分析。

2012 年 8 月及 10 月，作者在龙虎山地区进行多次野外调查，主要的任务是对遥感提取的线性构造和现有的地质、地貌数据进行野外确认。调查的内容包括红层和切割红层（基岩）断裂的产状，以及从遥感影像中无法观察到的或者数字高程模型数据中不能提取到的小规模的断裂甚至毛细断裂。调查地点选择在分布有不同丹霞地貌的三个冲洪积扇区域，位置见图 3-9 中的 A、B 和 C。根据以上数据综合推断出构造运动模式，用于解释构造控制因素与丹霞地貌发育之间的关系。

3.6 分析与讨论

结合野外数据区域线性构造与丹霞地貌发育分析丹霞地貌的构造控制因素，线性构造的统计分析方法有多种，在我们的工作中采用的是赤平投影图、极点等密度图和走向玫瑰花图三种常用的统计方法，分别对三个园区做了遥感解译数据和野外实测数据的对比分析（表 3-1）。

由表 3-1 可知，龙虎山区域内基底的断层主要由四个主导方向，分别是北东、北东东、北西以及北北西。从数字高程模型（DEM）数据中提取的线性构造与已知地质图中的断层比较吻合（表3-1和图3-6）。从A、B、C三个丹霞地貌分布区域提取的线性构造所作的图来看，与野外实测数据也有相似的趋势（表3-1）。另外，从三维的地貌图（图3-7）中可以清楚看到，在A、B、C三个园区的北面，有一条明显的边界，边界的南边是被抬升的丹霞山峰，北部则为平坦的平原地形，这种地形上的突变现象可能是受区域北东东向的江山-绍兴深断裂的影响。A和C区域主导方向为北东向（45°～70°），而B区域为北北西和北西向。这种在玫瑰花图中反映出来的明显特征体现了构造在广泛范围内控制着的丹霞地貌的格局。在B区域，北东向的趋势并不占主导，但也有出现，相比之下北北西向更为突出。在A区域，两种玫瑰花图的主导方向存在明显的变化，从按数量计算的北北西向变化到按长度权重计算的北东向。这可能是因为较短的线性构造频繁出现在北北西向上。北西向的趋势几乎出现在所有的玫瑰花图中，局部的偏移，如从北西到北北西，可能是因为较长的线性构造在不同的区域走向发生变化所致。这种在玫瑰花图中表现出来的北西向趋势，可能与永修-鹰潭断裂有关（图3-6）。在龙虎山区域丰富的降雨环境下，水系沿着断裂形成的破碎带深度切割，构造运动控制了地貌发育过程，构造形迹塑造了丹霞地貌的形态。大部分负地貌相关的线性构造是断裂的表达，包括节理和断层。

野外测量的主要是断裂以及发育着丹霞地貌的红层的产状。从测量的数据来看，红层产状较为平缓，倾角介于5°～20°之间（图3-10）。因此，丹霞崖壁的形成可以排除红层产状的影响。通过野外调查发现，断层面上具有明显的相互平行的擦沟与擦痕，北东向的左旋走滑断层频繁出现，这与数字高程模型（DEM）提取的结果，北东向的线性构造占主导地位的现象吻合（图3-9和图3-10）。另外，这也可以说是区域内江山-绍兴断裂（图3-6）的现场确认。从赤平极射投影图中可以发现，北东和北东东向的线性构造倾角很高，多为垂直或接近垂直状。而这

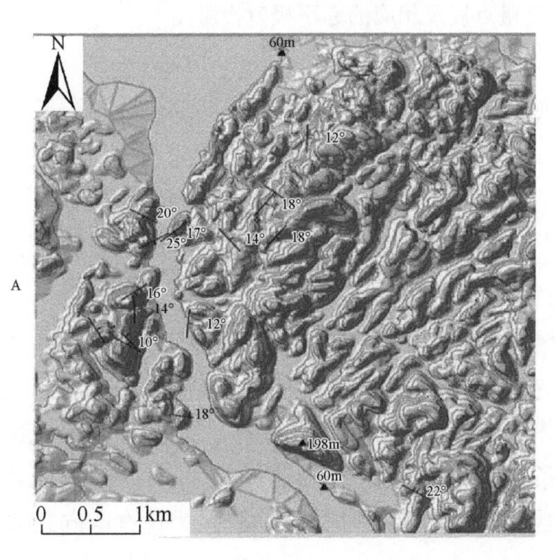

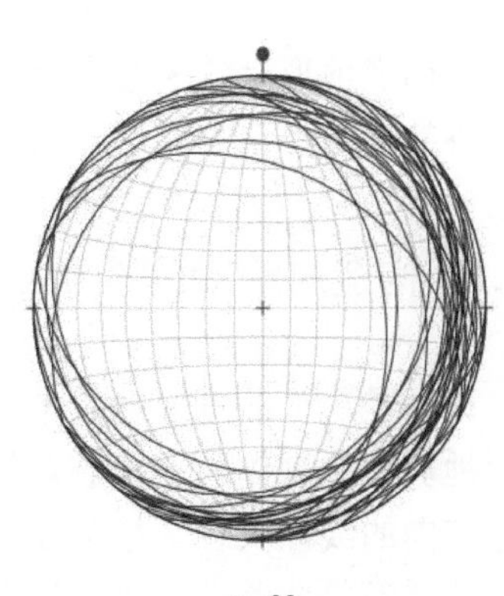

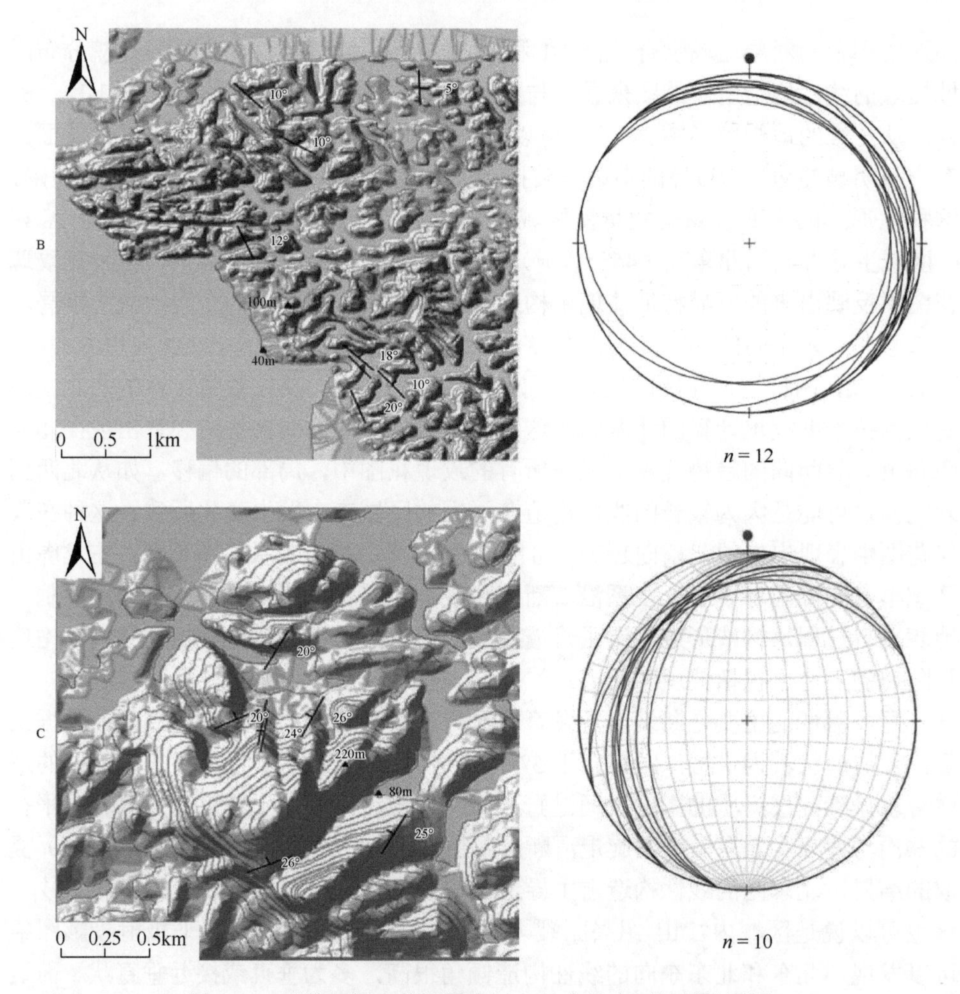

图 3-10　野外红层产状测量点以及相应的赤平极射投影图

些线性构造地形上的表达多为丹霞地貌的线性峡谷（图 3-10）。这表明北东向的线性山谷的形成与北东向走滑断裂带有着密切的关系。

3.6.1　构造对地貌的控制

无论是单个的丹霞地貌单元，还是丹霞地貌整体的区域分布特征都能看到构造对地貌的控制作用。地貌对构造的响应表现有多种，包括三个园区内北东向及北东东向的线性峡谷、龙虎山园区塔状丹霞峰林等（图 3-11）。穿流而过龙虎山园区的泸溪河是北西走向的，沿着一条北西向的线性构造带发育而来。根据在丹霞地貌中野外实测得到的节理与断层数据，制作玫瑰花图，发现裂隙的走向玫瑰花图有着明显的北西走向分布趋势，这与区域内出现的北西向的线性构造特征以及主要河流的河谷走向相一致。

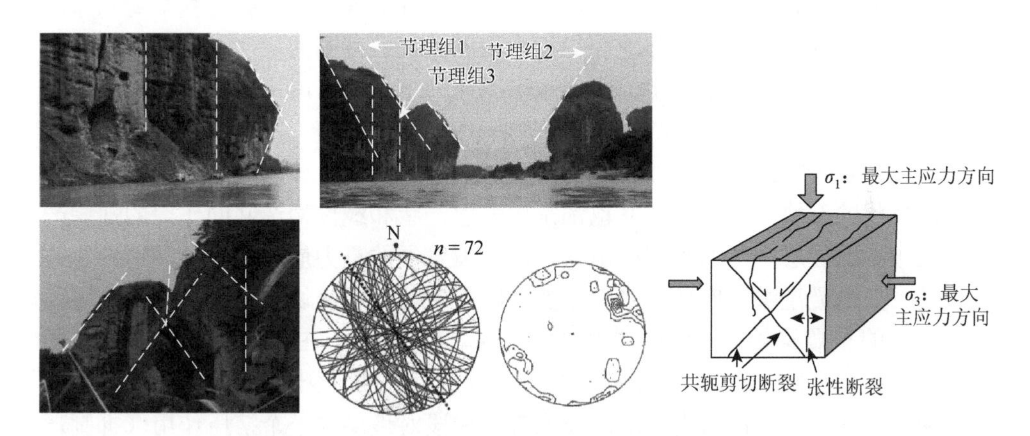

图 3-11　龙虎山园区内受裂隙控制发育的塔状峰林

将野外记录下控制塔状峰林形态的裂隙制作赤平极射投影图，从而推导出产生这些裂隙的应力模型示意图

从野外调查的情况来看，在龙虎山园区（A）沿着北西向发育的三组节理共同作用于红层，将其雕塑成塔式的山峰。图 3-11 拍摄于泸溪河北西向的河道中，节理组 1 与和节理组 2 之间呈 X 形出现，之间夹角约为 60°，推测其可能是两组有共轭关系的剪切节理。节理组 3 几乎垂直地面，从挤压破裂模型中看，它可能是因张性断裂发育而来。从赤平极射投影图、极点等密度图（图 3-11）中可以看到，区域内一系列垂直的和具有明显北西向趋势的线性构造，可能显示着龙虎山区域的裂隙发育为区域构造运动的产物。另外一组北东向的节理可能与上述的构造运动无关。因此，北西向的线性构造组更能用一具体的拉张结构运动模型来说明，结合区域地质图，能够进一步解释区域构造活动变形的历史与丹霞地貌形态发育的关系。

从丹霞崖壁的发育来看，其主要受控于两种断裂，一是拉张断裂，二是走滑断层。从测得的断裂和红层的产状来看，二者共同约束线性构造的几何形状，进而控制区域地貌的发展。走滑断层沿走向，形成线性的山谷，陡峭的陡崖，在我们的工作中以占主导地位的北东向的线性构造表现出来。这种左旋走滑断层，还会截断北部边界使丹霞地形升高（江绍断裂）。塔状丹霞峰林和陡崖的几何形状反映出构造对地貌形态的控制。在 A 区，西北走向的走滑断裂也被该区的线性构造特征在遥感影像上体现出来，塔式丹霞山峰的斜坡、垂直陡崖与共轭剪切裂缝和张裂隙是一致的，丹霞陡崖的北西（NW）走向与该区域北西走向的走滑断层是一致的，这是在野外和遥感影像上很明显能观察到的现象。另外，脆性变形使地层的渗透系数增加，尤其是有断层或节理交叉的区域；重力崩塌沿裂隙进一步塑造着丹霞地貌。在丹霞地貌区，断裂增加了岩体的渗透系数可能导致一些洞穴沿着这些断裂形成和发育。差异性风化也是表面侵蚀形成各种丹霞地貌景观的原因之一。根据野外的调查，丹霞地貌受构造控制体现在不同的尺度上。洞穴侵蚀优先沿着断裂发展。即使是细小的断裂也可以在地下水的作用下形成大的洞穴，并最终发展成为峡谷（见3.7节）。野外观测表明，在洞穴停止发育的底部仍可见细小的断裂，若不仔细观察，还不容易发现。它的存在将主导洞穴未来的发展。那些奇形怪状的石块（如象鼻山）也都是由岩层产状和线性构造共同作用的地貌产物。低倾斜的岩层产生的平坦的山顶，沿断裂发展的重力崩塌进一步塑造各类地貌景观。在丹霞崖壁的底部，张性和剪性的断裂控制着碎块的坍塌，从而雕塑成令人陶醉的丹霞美景。由野外调查数据发现，相比于A、B两个园区，C园区的丹霞山峰更加高耸并伴随有逆断层的出露。假设这些断层形成于同一时代，那么这种逆断层的形成可能与走滑断层在局部弯曲段对地层的一个挤压作用（抑制弯曲）有关。从已知的地质图和数字高程模型（DEM）数据中都可以看到江山-绍兴断裂正由此处通过（图3-6），并在此处有一定程度的弯曲。

3.6.2 控制龙虎山丹霞地貌发育的构造动力模型解释

信江盆地位于中国东南断陷盆地系统。区内规模的深大断裂相交，包括北北东走向的江山-绍兴断裂，北东向的东乡-德兴断裂，北西向的永修-鹰潭断裂，北北东向的鹰潭-安远断裂。江山-绍兴断裂是分离扬子板块与华夏板块的主要断裂带，形成于元古宙并且自身活动性很强。东乡-德兴断裂形成于新元古代并有蛇绿岩出露。鹰潭-安远断裂形成于加里东期（490～390Ma B.P.），在燕山期（190～80Ma B.P.）被重新激活，伴随有剪切挤压两种运动形式。永修-鹰潭断裂形成于印支期（257～205Ma B.P.），在燕山期仍然有密集的扭张活动。在燕山期和新生代，江山-绍兴断裂和东乡-德兴断裂恢复为左旋走滑运动。加里东期的中国南部褶皱带产生的线性构造具有明显的北东东向和北东向趋势。大量研究表明，在晚中生代和新生代，中国东南的大部分地区仍然被断裂拉张和火山运动所控制。龙虎山区域的线性构造记录了晚白垩世以后，区域断层的复活的历史以及结构上的继承性。区域内的北东及北东东向的构造继承了左旋走滑运动形成线性的丹霞山谷。北西向（走向320°）的永修-鹰潭断裂是从卫星影像中提取出来的，并结合有与此相关的地震资料进行判定。由于三个园区与永修-鹰潭断裂距离不同，线性构造的相应也有很大的差别。A园区（龙虎山）位于其西边，距离最近，区内线性构造具有明显的北西向的趋势；B园区位于其东边，距离其次，从玫瑰花图来看（表3-1），仍有较为明显的影响；而C园区也位于断裂带的东边，距离最远，影响最小。从中我们可以看到，丹霞地貌与区域断层具有高度的相关性。

为了更为直观地解释龙虎山区域内丹霞地貌与构造活动的关系，下面将前文所做的分析用简单的运动模型来说明。基底线性构造的形成可以用一运动模型来解释。处于板块碰撞结合部的龙虎山区域，受各类构造运动影响显著。由于在晚中生代和新生代，处于中国东南的龙虎山区域以板块的拉张伸展运动为主，拉张同时带来收缩作用，使得龙虎山区域的地层沿着剪切破裂面滑动（图 3-12），形成了一对共轭剪切破裂带，也就形成了目前区内基底线性构造的格局。

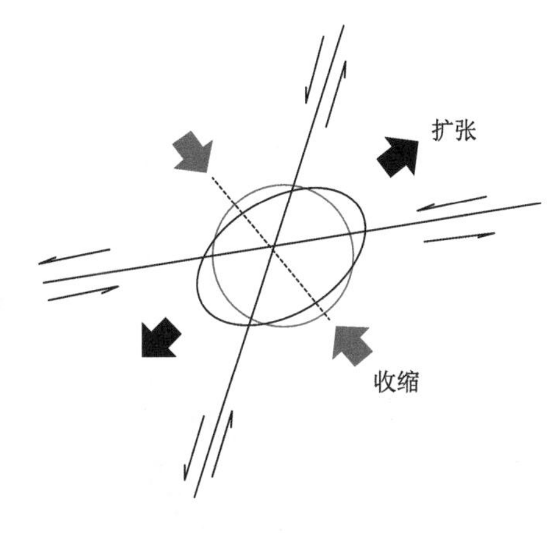

图 3-12　区域应力模型

3.6.3　线性构造和裂隙分布特征

1. 一般区域线性趋势

尽管两种类型玫瑰花图的长度积累存在差异，但区域线性玫瑰花图在北东（NE）、北东东（NEE）、北西（NW）和北北西（NNW）方向有四个主要趋势。观察到沿东北和西北方向穿过该区域有着非常长的线性构造要素。区域线性构造的玫瑰花图与地质图中先前绘制的断层之间存在显著的相似性，表明了这些区域线性构造发育受到构造的控制。整个区域的较长线性构造出现在长度加权玫瑰花图（图 3-13，表 3-1）突出显示的西北和东北方向。除峰频变化外，全区与丹霞地貌区的线状玫瑰花图均表现出兼容的格局。在区域和局部尺度上，北东（NE）、北西（NW）和北北西（NNW）向的线性构造是主要趋势。北西向和北东向线性构造的分布相比其他组稍为分散。在共轭北东（NE）和北西（NW）方向发现了线性化趋势。这些线性组合大多符合姜勇彪（2010）中的描述。但他仅提出北东向线性构造占主导地位，并未注意到北西走向线性构造。

2. A 区（龙虎山园区）线性和裂隙分布

该区的线性构造在北东、北西（或亚北西）和北西有三个主要方向。尽管长度加权玫瑰花图强调北东向线性构造的峰值方位频率，但这两种类型的线性构造玫瑰花图显示出相同的主要趋势。A 区（龙虎山园区）实测裂隙显示北西、北东向为优势走向，北北西、次东西向为次要走向。此区有一对共轭裂隙（间隔 60°），其主要峰值在西北方向（表 3-1）。北西、北北西和近东西向的断裂陡倾。

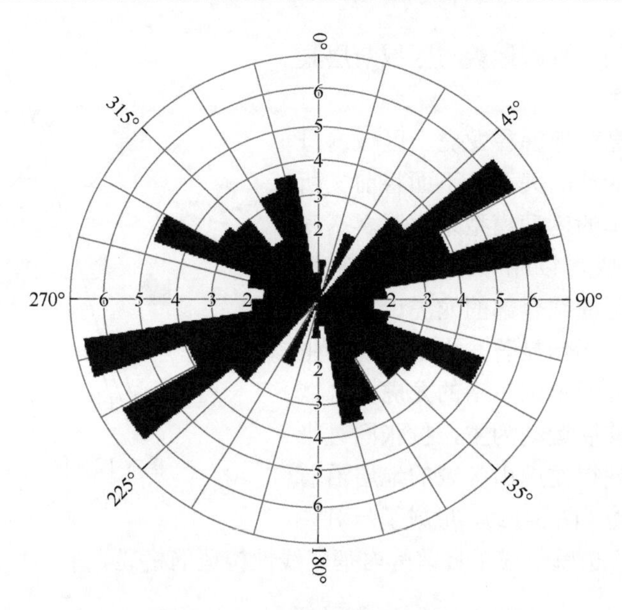

图 3-13　区域断裂玫瑰花图

3. B 区（象山园区）线性构造与裂隙分布

在 B 区（象山园区），两种类型的线性构造玫瑰花图在北北西、北西、北东和近南北方向上表现出相似的四个主导方向趋势，其中一个小组东西走向。长度加权玫瑰花图突出了北北西走向的线性构造。由于该区域的可接近性差，仅有 5 个裂隙测量值。近东西向和东北向的断裂具有近垂直倾角（表 3-1）。

由于远离盆地南部的构造抬升区，只受到近东西向的江山-绍兴断裂和北西向永修-鹰潭断裂的影响，区域内发育的断层以平行走滑为主。由玫瑰花图也可以发现，象山园区内的线性构造以北西向为主，北东向也发育，但是没有北西向表现得明显。地貌景观上以陡峭的丹霞崖壁为主，崖壁的高度比龙虎山园区要小很多，未见塔式的山峰（图 3-14）。由此判断象山园区以受水平运动作用为主，受此影响，水系主要分布在线状的峡谷中，形态上呈现出网格状。

4. C 区（龟峰园区）线性构造和裂隙分布

该区线性构造的主导方向为北东和北西，两个线性构造玫瑰花图显示，次要走向为北东向和近东西向。长度加权玫瑰花图显示北东向线性构造的频率相对较高。断裂方向与线性构造相似。北东向、近东西向和北东向均出现陡倾断裂（表 3-1）。

图 3-14　象山园区丹霞地貌景观与断层运动示意图

龟峰园区处于盆地边界断层（江山-绍兴断裂）附近，由于断裂局部的抑制弯曲作用，区内发育有挤压形成的逆断层，倾角较大。另外，由于距离永修-鹰潭断裂较远，受其影响较小，由走向玫瑰花图可以看出，线性构造以北东向为主导。地貌景观以高陡的丹霞崖壁为主，未见塔式的山峰。由此判断，龟峰园区丹霞地貌（图 3-15）是水平和垂直两种运动共同作用的结果。地层的水平运动形成陡峭的崖壁，垂向挤压运动形成密集的裂隙，切割红层发育成丹霞峰丛、峰林、一线天等景观。

图 3-15　龟峰园区丹霞地貌景观中的垂直裂隙

3.7　丹霞地貌构造控制的野外露头观测

从我们的野外资料来看，丹霞陡崖一般在东北、东北、西北和次东西向走向，与陡倾断裂组的走向一致。C 区（龟峰园区）层理面向西平缓至中偏西，A 区（龙虎山园区）和 B 区（象山园区）层理面向东，北北西、北北东、近北西向明显，表明沉积物来自南、西南、东南，丹霞崖并非来自陡斜地层。但个别丹霞地貌的形成与层理面、节理面相交有关。

在象鼻山可以看到这种例子，象鼻山是一个形态奇特的山体，形似大象的象鼻。缓倾斜的岩层形成了山体的平顶。有两组陡倾、规则间距的裂隙，与不同方位的层理相交。脆性变形增强了断裂、节理、断层等部位的脆弱性，特别是在断裂交叉处。风化作用和沿着断裂岩石的物质运动进一步塑造了这种地貌（图 3-16）。在露头观察到裂隙对空腔侵蚀的控制。野外调查表明，即使是岩石中的细线裂隙也可以加快风化侵蚀的速度，以及加快差异风化，形成裂隙，最终发展成峡谷（图 3-17）。

图 3-16　受构造、节理和层面方向控制的丹霞地块造型（称为“象鼻山”）

白色虚线表示北西（NW）向、缓倾斜的层理面，形成山体的平顶。前岩壁为北西走向，与 A 区（龙虎山园区）的北西向野外绘制的裂隙和线性构造有关，白色箭头指向三组不同方向的节理

在 A 区（龙虎山园区），陡峭的尖顶丹霞塔状峰林非常壮观（图 3-18）。这些塔的几何结构似乎遵循三个连接集。节理组 1 和节理组 2 是倾斜的共轭模式，形成丹霞塔状峰林倾斜的上斜坡，推断为共轭断裂组。节理组 3 垂直于地面，形成丹霞塔状峰林雄伟的陡崖。这些断裂与断裂走向玫瑰花图所示的北西（NW）方向一致，并与主要的北西（NW）走向线性构造组的存在相一致（图 3-18，表 3-1），这些观察结果表明 A 区（龙虎山园区）存在局部拉张应力环境，并有北西走向的走滑断裂构造运动。

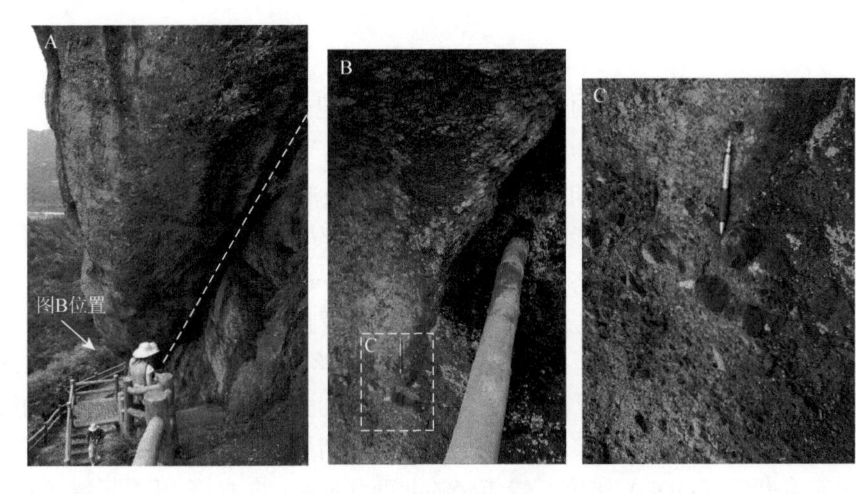

图 3-17 丹霞地貌裂隙控制溶蚀露头观测

A. 白色虚线沿着裂隙峡谷形成。箭头显示峡谷底部，如图 B 所示。B. 洞穴侵蚀结束于峡谷底部，但断裂继续。C. 如发丝般的断裂延伸到石块内部，控制未来河谷发育的岩体

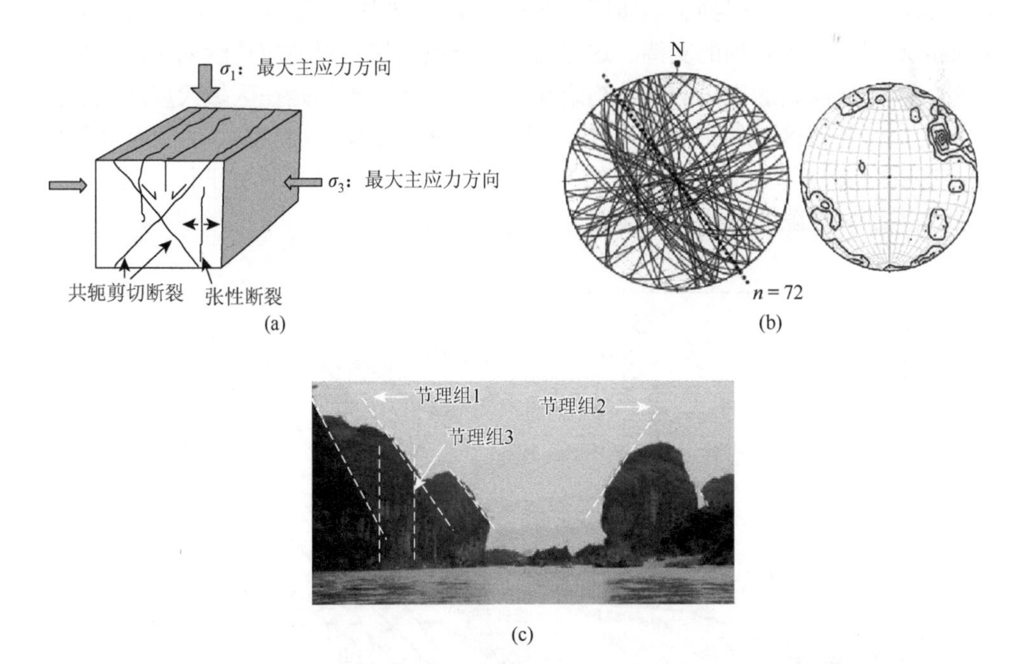

图 3-18 在 A 区（龙虎山园区）观察到的丹霞塔状峰林形态结构控制的照片和分析图

（a）描绘了伸展运动模型。垂直于地面的张性断裂和两组由伸展断裂平分的共轭剪切断裂。该模型很好地拟合了 A 区（龙虎山园区）主要的西北向断裂集裂隙的赤平极射投影（b）。（c）显示了从丹霞塔状峰林状山峰的形态上看这些裂隙的地貌表现，主要有三个走向相同的节理组，以虚线显示，共同塑造丹霞塔状峰峰林。其中一组（节理组 3）垂直于地面形成丹霞崖，另外两个节理组（节理组 1 和节理组 2）为斜交共轭样式，形成丹霞塔状峰林状山峰顶上倾斜的上斜坡。照片视角大致朝向西北方向

3.8　线性构造特征与区域地质构造对比

中国东南部中新生代晚期存在一个大型左旋走滑断裂系统，华南褶皱带的中新生代地质大部分以东北和东北走向的陆内走滑断裂系统为主，该系统是由中国东部大陆下方的古太平洋板块斜俯冲形成的（Wang and Lu，1997；傅昭仁等，1999；Li et al.，2001）。这种走滑断层系统的特征是晚侏罗世—白垩纪—古近纪。在大型左旋走滑断裂系统中，江绍断裂（JSF）和德兴-东乡断裂（DDF）（又称赣东北断裂）被重新激活为左旋走滑断裂（Xiao and He，2005；图 3-19）。根据断层的横切关系推断，龙虎山地区西北部较年轻的永修-鹰潭断裂（YYF）使江绍断裂（JSF）和德兴-东乡断裂（DDF）错位，较年轻的北西（NW）向永修-鹰潭断裂（YYF）似乎抵消了较老的北东（NE）向江绍断裂（JSF）和近东西（EW）向德兴-东乡断裂（DDF），使左边的打击间隔为几公里。这种区域尺度北东（NE）和北西（NW）向左旋运动的推断也得到了地质图中北东（NE）向左旋断层和北西（NW）向左旋走滑断层的雁形阵列的支持。这表明存在合成剪切，以适应持续的走滑位移。此外，本工作绘制的突出的线性构造和断裂的走向，无论是在区域尺度还是露头尺度上，都与该区域构造和地质构造相一致（图 3-19，图 3-20）。由数字高程模型（DEM）提取得到的线性构造的方向与实测的基岩节理和断层平行，表明了这些线性构造和裂隙的可能构造成因。

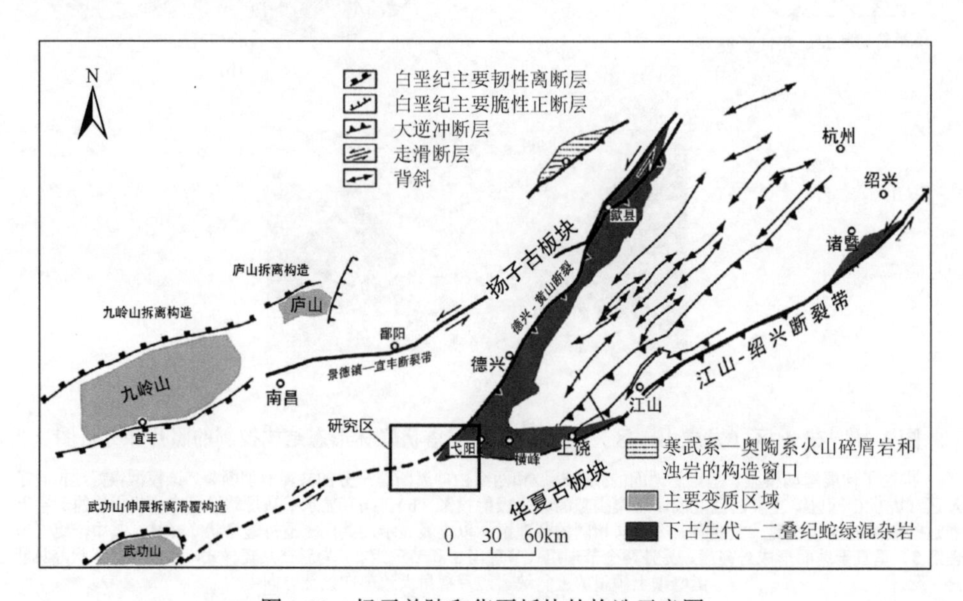

图 3-19　扬子前陆和华夏板块的构造示意图

3.9　野外剖面观测的断层运动学指标

本书中野外工作测量到的断层覆盖了北东（NE）向和北北西（NNW）向、北西（NW）向和近东西（EW）向。在塘边组发现了两条北东（NE）向的左旋走滑断层。其中一条是位于B区（象山园区）以西的道路剖面处测量到的（N50°E和78°S）。断层面上的近水平滑动线指示了左行走滑运动（图3-20A、B，图3-21）。另一条左旋走滑断层是根据具有近垂直倾角（走向N60°E）的一般左侧拉分断裂几何学确定的（图3-20C、D）。在C区（龟峰园区）观察到一条近东西向的南倾陡逆断层，并伴有右旋走滑运动。在A区（龙虎山园区），测量到了北北西和北东向的正断层。北北西向正断层具有右旋走滑运动。绘制了一条北东向的左旋走滑逆断层。

图3-20　野外剖面观测到的典型构造形迹

A. 在塘边组测得的北东向左旋走滑断层（N50°E∠78°S）。B. 图A的特写图，说明断层平面上的近水平、左旋走滑滑面线（虚线）。C. 塘边组裂隙观测平面图，反映了左旋走滑阶梯几何学特征，断裂呈近垂直倾斜，呈北东（NE）向展布（N60°E∠90°），以野外记录本作为参照物。D. 与图C相同背景的照片。虚线表示观察到的红层裂隙的表面痕迹，右下角的插图描绘了一个理想的左旋拉张的几何结构，沿着左行走滑运动在平面图上进行比较，以野外笔记本作为参照物。E. 在C区（龟峰园区）测量到一条大角度、近东西向的逆断层，箭头沿着上升平面上的光滑线，指示右旋走滑运动（其位置见图3-21）

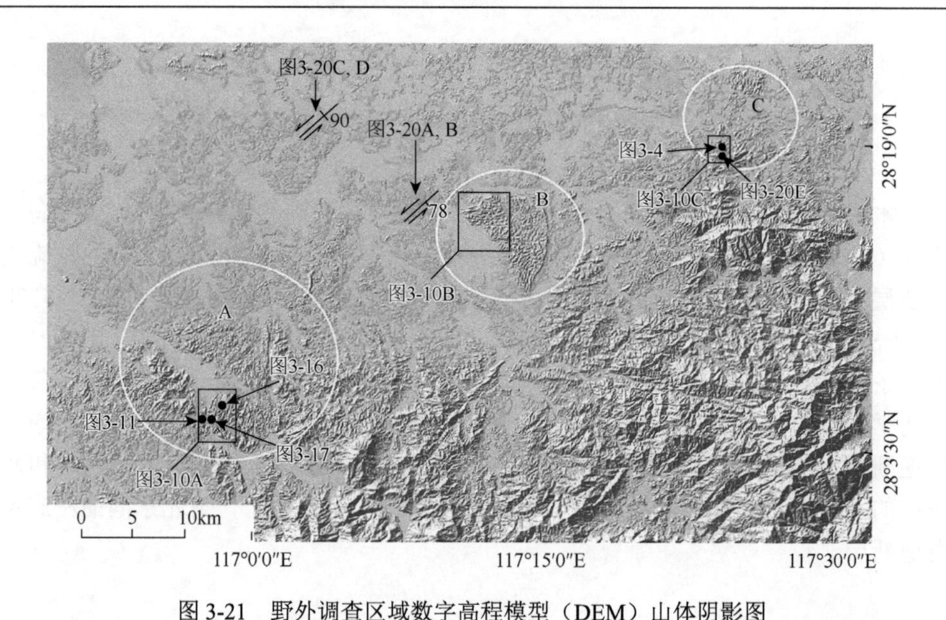

图 3-21 野外调查区域数字高程模型（DEM）山体阴影图

白色圆圈为三个园区，双箭头代表左旋走滑断层野外观测点，图中标注了在本书中野外露头和观测点的相对空间位置索引

为了解释构造对线性构造和丹霞地貌形成控制的原因，根据地质资料、提取的线性特征、野外剖面实测构造形迹，提出了一个两阶段的两相走滑断层模型用于理解对地貌和丹霞地貌形成的结构控制。考虑到断层和断层带的可能起源和演化，该模型对提取的线性构造模式、断裂模式、露头运动学数据节理几何特征和区域构造结构等进行了最佳拟合。该模型由第一阶段北东（NE）向左旋走滑简单剪切形成的里德尔剪切（Riedel shear）构造组成（Sylvester, 1988），然后是第二阶段北西（NW）走向走滑剪切，在释放弯曲或伸展台阶处可能产生局部拉伸区域。近年来，人们对走滑断层及其破坏带进行了详细的描述。走滑断层通常具有非常陡峭或垂直的倾角，这也会在岩石中产生相同的节理组。

在该模型中，龙虎山地区的北东向线性构造被解释为左旋 Riedel 复合剪切断层。这些线性构造的运动意义由地质图中先前绘制的北东向左旋断层阵列所支持，并从塘边组的两条北东向左旋走滑断层（图 3-6 和图 3-20A）现场测量中得到了实地的证明。此外，三大丹霞地貌区北东向陡倾节理的频繁出现，反映了控制地貌发育的裂隙与区域应变变形的联系。

而北西（NW）走向的线性构造被解释为高角度共轭的反向里德尔剪切（R'）断层，这是由它们与 R 剪切断层的共轭和逆时针空间方向以及同一北北西方向的陡倾节理推断的（图 3-22）。次东西向的线性构造被解释为 P 剪切，与观测到的次东西向陡倾节理相兼容。P 剪切通常是随着 Riedel 断层段的进一步位移而形成的，可能不如 R 和 R′剪切数量多。线性构造、裂隙、露头运动学指标的观测方向与区域构造之间存在明显的相关性。该模型的第二阶段以北西向永修-鹰潭断层带的左行走滑运动为特征，由永修-鹰潭断裂、江绍断裂和德兴-东乡断裂的断层横切关系推导出。

推测的左旋走滑运动与北西向、左旋、走滑断层相吻合，并得到了野外资料和地质图中地质构造的支持（图 3-22）。此外，北西向陡倾节理组的频繁出现，在整个区域和丹霞地貌的三个区域，都表明西北向丹霞河谷的形成与区域走滑运动有关。在 A 区（龙虎山园区）观察到的北西向伸展断裂和丹霞塔状峰林的形态与这一推断相符，并被解释为沿左侧走滑主断层的释放弯曲或跨步伸展的拉伸带（图 3-20、图 3-22）。该区北西向正断层和走滑运动与推测的北西向左旋走滑永修-鹰潭断层带一致（图 3-22）。本书认为，丹霞塔状峰林地貌是断层的结构形态在地貌上的呈现，主要受断裂裂隙控制。

假设断层形成于同一时代，C 区（龟峰园区）测得的东西向陡倾逆断层（86°∠60°S）可能与沿走向的挤压变形有关，并伴随着抑制性弯曲，常导致会聚、褶皱和逆断层作用局部隆起。对于主位移带，弹出结构内的裂隙是非常陡倾和近垂直的。C 区（龟峰园区）地貌为陡边丹霞峰群，由近垂直断裂切割而成，与从数字高程模型（DEM）提取的东西向、东北向线性构造一致。这一解释进一步得到了地质图中先前绘制的 C 区（龟峰园区）北部逆断层的支持。中新生代晚期，华南地块普遍伸展，发育了包括信江盆地在内的陆内伸展盆地（Ma and Wu，1987；

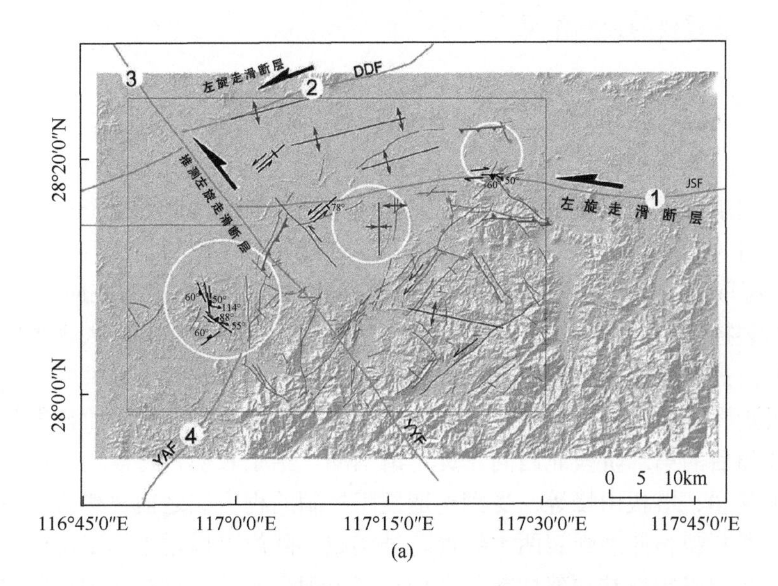

(a)

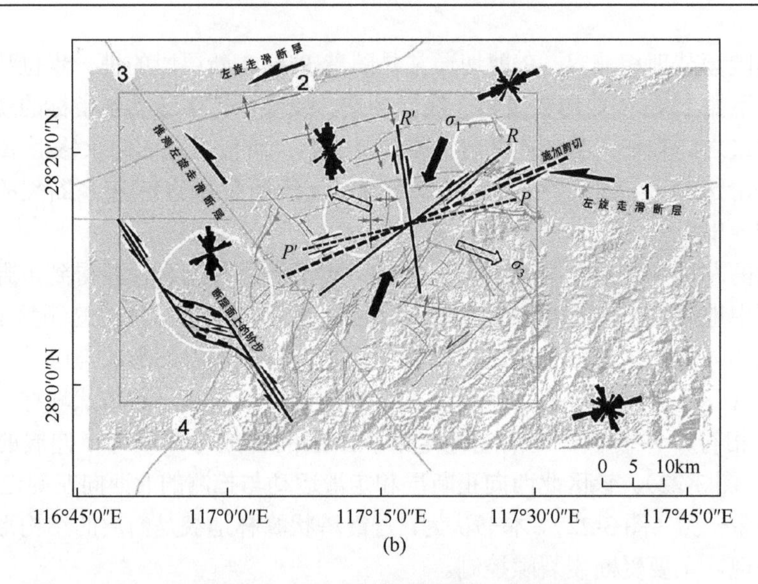

图 3-22 两阶段的左旋走滑运动模型

（a）龙虎山地区构造图，显示龙虎山地区主要构造，包括地质图中的断层和褶皱（灰色）、本书中调查的断层（黑色）、中生代晚期至新生代区域走滑断层。这些结构特征和提取的线性构造被考虑到运动学反演。（b）本书提出了一种两阶段的左旋走滑运动模型给最合适的观测提取的轮廓（玫瑰花图所示），野外调查得到的断层、裂隙数据，与早期的地质图一致，验证了本书所提出的区域构造动力模型相。主应力和最小应力由 σ_1 和 σ_3 表示，R 和 R'表示共轭里德尔剪切，P 表示随着 R-R'剪切的发展而发生的渐进剪切。虚线表示纯剪切；线上带尖头锯齿状的线表示逆断层；线上带凸起块体的线代表正断层；沿着线条的延伸方向平行箭头表示剪切断层，箭头方向代表剪切运动的方向

Wang and Shu，2012）。深部基底断裂的复活控制了河谷、陡崖等大型地貌的空间展布方向，也可能促进红层局部裂隙的发育。红层中的裂隙结构与模式在丹霞地貌演化中起着重要的控制作用。

3.10 结　论

通过利用数字高程模型提取的线性构造与野外剖面调查数据资料以及龙虎山之前的构造对比，对丹霞地貌形成的构造控制进行了详细的定量研究。本书在露头尺度上提取出与丹霞地貌断裂模式吻合较好的数字高程模型（DEM）负地形线，揭示了断裂控制的地貌特征。一个简单的两相运动模型可以解释大多数的断裂方向和位移。丹霞地貌区主要的北东、北西、次东西向和北西向线性构造及断裂符合两阶段走滑运动模式。该模式具有与北东向主位移有关的第一阶段左旋简单剪切运动和随后的第二阶段北西向左旋走滑运动。结果表明，丹霞地貌的主要地貌特征，如陡崖、塔状山峰等，受到构造裂隙控制的程度比之前设想程度更高。陡崖可由走滑断裂和伸展断裂两类线性特征构成。陡崖可以通过沿走滑断层或沿近垂直拉伸断裂或倾斜共轭剪切断裂（如在野外观察到的，这些断裂通常具有大约

60°的倾角）而形成。塔状丹霞峰受断裂系统控制，尤其与拉伸变形断裂组有关。沿着破碎的岩体，风化侵蚀作用叠加块体运动，再加上大自然的长期雕琢，从而形成了龙虎山丹霞地貌独特的景观。在局部尺度上，丹霞河谷和峡谷的走向也遵循断裂。形状奇特的造型石，是通过沿着各种各样的小裂隙穿过岩层层面形成的。这些数据和观测表明，地质构造因素对丹霞地貌的形成起着主导作用。因而，可以得出以下结论：

（1）龙虎山区域内基底的线性构造发育可以用一个拉张收缩运动模型来解释，丹霞地貌中的线性构造受区域大断层控制作用明显。

（2）局部的裂隙分布控制着丹霞微地貌的发育。

（3）三个园区丹霞地貌的发育构造控制因素之间的关系可用一个区域构造动力学模型来解释，尤其是丹霞陡崖坡的走向、丹霞峡谷发育、塔状丹霞峰林的形态都充分体现了构造对丹霞地貌发育过程的控制作用。

第4章　基于DEM和地貌形态指数的丹霞地貌成因分析

以往的文献表明，丹霞地貌具有三个侵蚀阶段的地貌旋回模式及其形成的构造/岩性控制。然而，这些说法很少得到严格的定量分析的证实。通过地貌形态指数对地球表面的统计研究，有助于理解地形演变。本章介绍了典型的丹霞地貌区龙虎山案例，利用标准化河长坡降指标（SLK）所反映出的无量纲地貌形态指数，应用数字高程模型（DEM）和地理信息系统进行地貌分析，包括面积-高程积分曲线（HC）以及河流纵剖面分析。龙虎山地区内 7 条河流的标准化河长坡降指标（SLK）异常与断层的存在呈正相关，与岩石的抗蚀性呈反差，反映了构造和岩性对地形形成的控制作用。丹霞地貌区 26 个子流域的面积-高程积分值（HI）＜0.42，平均值＝0.21，高值曲线向下凹，说明龙虎山丹霞地貌处于老侵蚀期。根据估算的侵蚀土地量，其结果与之前建议的龙虎山地区老年阶段一致。本章应用定量的方法评价丹霞地貌的侵蚀状态，并验证岩性和构造对地表地貌的控制作用。本章所采用的参数是无量纲的，可应用于其他丹霞地貌区进行比较。

4.1　地貌形态指数在地貌学研究的作用

标准化河长坡降指标（SLK）突出了河流纵剖面的异常，为评估和量化这些坡度变化提供了标准（Hack，1973）。河道适应标准化河长坡降指标异常值表示的地形坡度变化，标准化河长坡降指标异常值可以记录构造变形（Jackson et al.，1996）和不同岩性单元的抗侵蚀性变化（Walcott and Summerfield，2008）。为了对标准化河长坡降指标异常值进行解释，作者在龙虎山地区进行了详细的工作。结合岩性的接触关系、主要断层和从 ASTER GDEM 提取的构造线，以及根据龙虎山地区 1∶20000 比例尺地形图，绘制了详细的地图，绘制了详细的地质图，并将地质图与标准化河长坡降指标（SLK）数值变化图进行叠加分析。标准化河长坡降指标（SLK）在某些地区局部出现峰值，意味着该地河床的坡度发生了急剧变化，与断层褶皱、岩性等变化等相关联，叠加分析有助于了解它们之间的关系。为了提供更客观的分析，在 ArcGIS 10.0 中使用核函数生成断层和构造线的密度图，以便为每条裂缝拟合一个平滑的锥面。

河流长度梯度指数是定量反映河流纵剖面几何形状的参数，受构造和/或岩石阻力变量的强烈影响。SL突出了河道沿线的坡度变化，对河道坡度变化非常敏感（Keller and Pinter，2002；Perez-Peña et al.，2009），可用以判断岩性与/或构造变化引起的河长坡降指标变化，同时了解丹霞河谷发育的特点。

高程分析（又称面积-高度分析）是对选定盆地内不同高程水平截面积相对比例的研究（Strahler，1952）。面积-高程测量一般通过面积-高程积分曲线（HC）和面积-高程积分（HI）来评价。HC描述了面积相对于高程的分布，并通过绘制与流域总高度的比例（*h*/*H*）及与流域总面积的比例（*a*/*A*）关系得到（Strahler，1952；Weissel et al.，1994；Keller and Pinter，2002）。等高线的形状与盆地的侵蚀程度有关（如侵蚀阶段），用以量化评价丹霞地貌在河谷盆地内的侵蚀状况和阶段，并且这些指数都是无量纲的，因而可以用来对比不同大小盆地内丹霞地貌的发育情况，有着积极的意义。

4.2 背　　景

以往对丹霞地貌的研究，主要集中于丹霞地貌定义讨论，以及定性描述上，如地貌特征，以及陡崖、沟壑、斜坡形态等（黄进，1982；彭华，2009，2011；彭华等，2013），而地貌演化过程控制因素定量研究不足。黄进（1982）受“地貌循环”理论（Davis，1899）和他对中国各地不同丹霞地貌的实地观察的强烈影响，构建了他的丹霞景观演化模型，即青年期、壮年期和老年期。彭华（2009）采用黄进的模型，在估算侵蚀地块比例的基础上，总结出各阶段的地貌特征。他还以中国东南部的6处典型丹霞地貌遗迹为模式地实例，以这6处丹霞地貌为代表的序列可以反映一个完整的地貌演化循环，该6处丹霞地貌区在2007年启动了申报世界自然遗产地，并于2010年被联合国教科文组织列入“世界自然遗产名录”。然而，这一分类体系和以往的研究大多停留在定性评价，而不是定量评价。近年，Zhang等（2011，2013）采用基于数字高程模型（DEM）的流域地貌和地貌形态指数定量分析方法研究了丹霞山丹霞地貌，丹霞山是晚熟丹霞景观的原型。他们认为，丹霞地貌的地形变化和河流纵剖面的形状与岩性、构造的差异有关。但在其他丹霞地貌遗迹中，对这些结论进行比较和验证的定量研究还很缺乏。

地表形态是了解地貌演化的基础，地貌演化可以用地貌形态指数进行统计表达。本章选取典型的老年早期发育阶段的丹霞地貌区龙虎山为例，利用相关地貌形态指数，应用数字高程模型（DEM）和地理信息系统进行地貌计量分析。本章的目的是验证丹霞地貌成因中的构造和岩性控制因素，并量化评价丹霞地貌区侵蚀状况。

龙虎山为典型的老年早期丹霞地貌遗迹，位于中国东南部的江东北（27°59′30″N～28°26′00″N，116°53′00″E～117°29′00″E）（图4-1）。龙虎山丹霞地貌的地貌特征有石柱、塔尖、群峰、丘陵、零散孤立的山峰、宽底峡谷、峰峦和峰丛。

龙虎山地区丹霞地貌主要集中在山前的 3 处，分别为图 4-1 中的 A、B、C 标志，分布于东西向流动的信江内河南岸，是鄱阳湖流域较大的支流。丹霞地貌区有多条常年性河流。该地区属亚热带湿润气候区。区域海拔在 20～1310m 之间，最高山峰在龙虎山地区东南部基底急剧上升至海拔 1310m，并从东南部向西北部下降。龙虎山地区丹霞地貌地形起伏 353.1m，最低海拔 48m，最高海拔 401.1m，三个丹霞地貌集中分布区域被认为对应着三个巨大的晚白垩世冲洪积扇的扇体，它们的物源为高海拔的火成岩和龙虎山地区东南部变质基底（姜勇彪，2010）。三个丹霞地貌区周围和之间的区域是红层低地，属于冲洪积扇的扇缘（端）沉积相，为较细的红色砂岩。龙虎山地区范围内主要分布侏罗系、白垩系、第四系沉积岩；新元古代、中元古代变质岩；奥陶系、三叠系、志留系、侏罗系、白垩系岩浆岩。新元古代和中元古代变质岩以片麻岩为代表，构成龙虎山地区东南部的主要基底。丹霞地貌发育于晚白垩世红层。信江盆地上白垩统分为老的赣州群和新的龟峰群（Lin，1996）。龟峰群由河口组、塘边组和莲河组成。莲河构造不在龙虎山地区内。龟峰群不整合地覆于赣州群之上，不整合地覆于古近系之上。

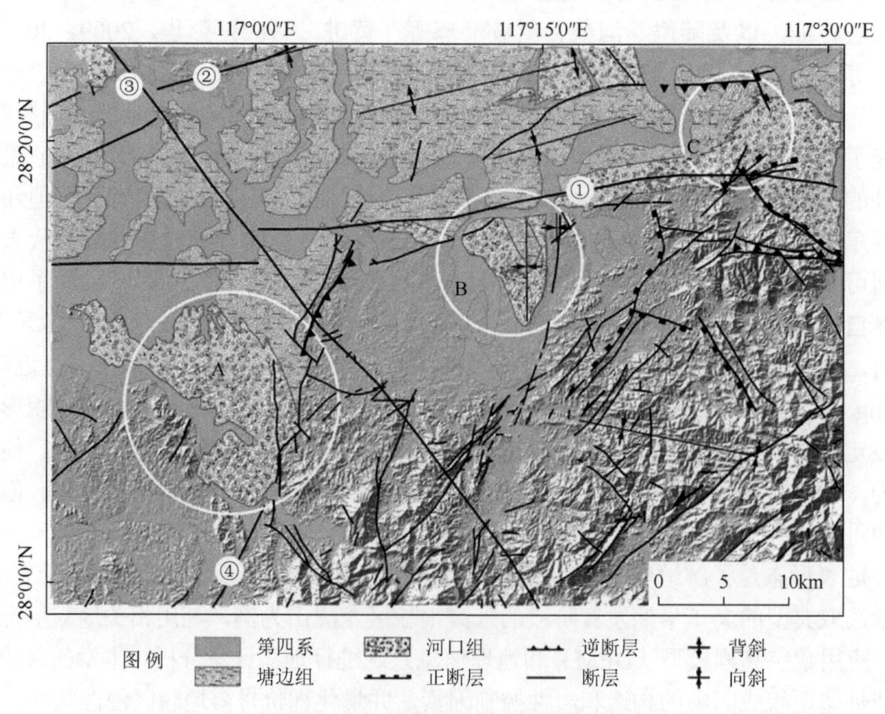

图 4-1 龙虎山地区地质简图

图中显示了主要构造要素和两个丹霞地貌成景地层（改自姜勇彪，2010；江西省地质调查局 1984 年制作的地质图）。丹霞地貌集中分布区大致位置见白色圆圈标出的 A、B 和 C 区域。①江山-绍兴断裂；②德兴-东乡断裂；③永修-鹰潭断裂；④鹰潭-安远断裂

4.3　研究资料和方法

本章基于我国江西省地质调查局 1∶5 万、1∶20 万比例尺地质图和 ASTER GDEM。从美国地质调查局网站下载了 ASTER GDEM 数据（空间分辨率为 30m），然后进行了拼合和剪切，得到了所需的区域基于 ArcGIS 10.0 环境下的 ASTER GDEM，进行了流域划分和地貌指数计算。将地质图数字化，编制成统一的基地图，在 ArcGIS 中编制地图并进行空间配准，进行综合分析。地形演化可以通过地貌形态指数等形态测量学研究来确定，地貌形态指数在数学上反映了地表的几何形状。本章选取标准化河流长坡降指标、面积-高程积分积分曲线和河流纵剖面的无量纲地貌形态指数来推断丹霞地貌形成的侵蚀状况和构造/岩性影响。结果具有可比性，且与单位无关，因此可以应用于任何规模的丹霞地貌地区。龙虎山地区丹霞地貌分布在不同的流域，一般地貌测量方法适用于描述连续的地表，因此对龙虎山地区进行了流域尺度上的形态测量，并在子流域尺度上进行了分析，重点研究了含有丹霞地貌的流域区域。

基于 ArcGIS 10.0 环境下，对裁剪好的龙虎山地区 ASTER GDEM，进行了流域划分和相关地貌形态指数计算。将地质图整理和编绘，并数字化，编制成统一的基础工作地质底图。根据 DEM 提取划定的流域，将被进一步用于进行地貌的形态计量学分析和地貌侵蚀状况评价。

4.4　基于 DEM 的流域盆地与水系的提取及参数

数字地貌是指以数字的形式将与地貌有关的信息存储于数据库中，便于信息的更新与分析，相对于普通的纸质数据有着巨大的优势。如今，利用数字高程模型进行地貌形态特征的分析已经成为数字地貌研究的热点。龙虎山区域数字高程模型（DEM）晕渲见图 4-2 所示。

4.4.1　典型地貌形态特征分析

1. 坡度

坡度指水平面与局部地表之间的夹角正切值，是高度变化的比率最大值，表示地表面在该点的倾斜程度。在输出的坡度数据中，坡度有两种计算方式，即坡度（水平面与地形面之间夹角正切值）和坡度百分比（高程增量与水平增量比值的百分数）。坡度是最重要的地形因子之一，是一个微观指标，直接影响着地表物质流和能量的再分配，影响着土壤的发育、植被种类与分布，制约着土地利用的类型和方式。

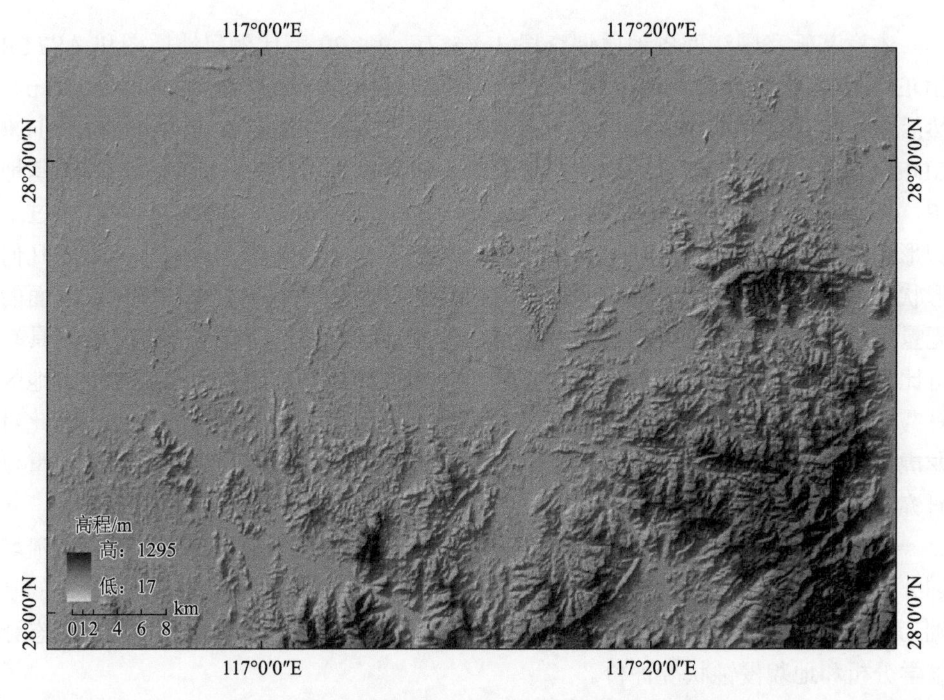

图 4-2 龙虎山区域数字高程模型（DEM）晕渲图

计算坡度的方法有多种。目前计算坡度最常用的方法可归纳为五种：四块法、空间矢量分析法、拟和平面法、拟和曲面法、直接解法，前三种方法是为求地面平均坡度设计的，后两种方法是为求解地面最大坡度而设计的，实验证明拟合曲面法是求解坡度的最佳方法。拟合曲面法一般采用二次曲面，计算通常在 3×3 的数字高程模型栅格窗口中进行，对 3×3 栅格的高程值采用一个几何平面来拟合，中心栅格的坡向即此平面的方向，其坡度值采用平均最大值方法来计算。

在我们的工作中利用 ArcGIS 软件中的空间分析（Spatial Analyst）模块获得龙虎山区域的坡度数据。采用临界坡度分级法分为 0°～3°、3°～5°、5°～8°、8°～15°、15°～25°、25°～35°、35°～45°、45°～55°、55°～90°，将坡度数据重新分成 9 级。

2. 坡向

坡向指坡面法线在水平面上的投影与正北方向的夹角，表示高度变化比率最大值的方向。按顺时针方向计算，坡向值范围为 0°～360°。其中 0°代表北，90°

代表东，对于每一个栅格来说，即确定 Z 值改变量最大的方向。坡向影响地面光热资源等的分配，决定地表径流的流向，是影响地理景观的重要因子之一，是一个微观指标。

3. 起伏度

地形起伏度指在一个特定的区域内，最大高程与最小高程的差值。它是描述一个区域地形宏观性指标之一，在宏观的区域内反映地面的起伏特征。局部地形起伏通常可以用来描述造山带的地形特征，是描述地貌特征的定量指标，也是区域地貌对比研究和地貌类型划分的重要依据。

利用 DME 数据能够轻松获取地形起伏度。其具体的方法可以表述为在指定的分析区域内所有栅格中最大高程与最小高程的差，公式如下：

$$\mathrm{RF}_i = H_{\max} - H_{\min}$$

式中，RF_i 为地面每一点的地形起伏度；$H_{\max}$ 为一个固定分析窗口内的最大高程；$H_{\min}$ 为一个固定分析窗口内的最小高程。

具体的方法：利用空间分析（Spatial Analyst）模块中的 Neighborhood Statistics 方法获取了计算窗口内的高程差最大值、最小值，其中分析窗口为矩形，大小设置为 0.5km×0.5km，然后按照上述公式利用栅格计算的方法获得区域的起伏度分布图。分析窗口的选择对于结果的影响较大，在我们的工作中通过对比选择了 0.5km×0.5km 作为最佳分析窗口。由图 4-2 可以看出，断层对龙虎山区域的地貌起伏度影响较为明显，有大的断层通过的两侧，地势起伏度有着明显的变化。

4.4.2　水文分析

在水文学中，水系分布图通常是通过对已有的图件数字化得到，工作量非常大，随着数字高程模型（DEM）在水文学中的应用，人们对水系的提取日渐从传统手工方法转向通过数字高程模型自动提取。目前，利用数字高程模型提取水系有两种方法：一种是利用矩形窗口扫描数字高程模型数据，来确定 V 形面或谷面，位于这些面中的栅格单元可看作组成最终水系的一部分，这种方法相对简单但生成的水系不连续，因此必须经过重新连接和整饰才能显示成完整的水系。另一种是 Callaghan 和 Mark 提出的“坡模拟法”，它依据水文坡面流的概念来判别水流路径。该方法可以生成连续的水系，但前提条件是整个数据是一个倾斜面。然而，因为数字高程模型数据的分辨率和精度问题，在地表面坡度不是很大的情况下，经常生成洼陷区域或是一片平坦地形，使得无法确定水流流向，所以，在利用该方法进行水系提取之前必须先对数据进行预处理。本章主要讨论在用坡面流模拟之前，对数字高程模型数据进行预处理、洼地的

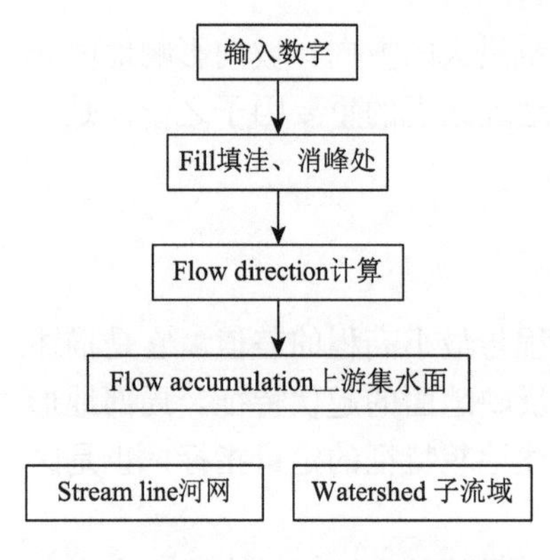

图 4-3　水系及流域信息提取流程图

识别与填充、水流方向确定、上游集水面积确定、水系的生成及流域的提取。水系及流域信息提取流程见图 4-3。

1. 水系的提取

在河网提取的过程中，选择合适的汇流累积量阈值最为关键。阈值的选取通常根据河网密度来确定。其原理是：随着汇流累积量阈值的增大，河道起始点会向流域地势平坦处“退缩”，河长相应缩短，所提取的河流级别也会变高，河道数目就会越来越小。当汇流累积量增大到一阈值时，河网密度的变化趋于平缓，三种不同汇流累积量阈值下提取的水系网络见图 4-4～图 4-6 汇流面积的选择与河网密度的关系见图 4-7。

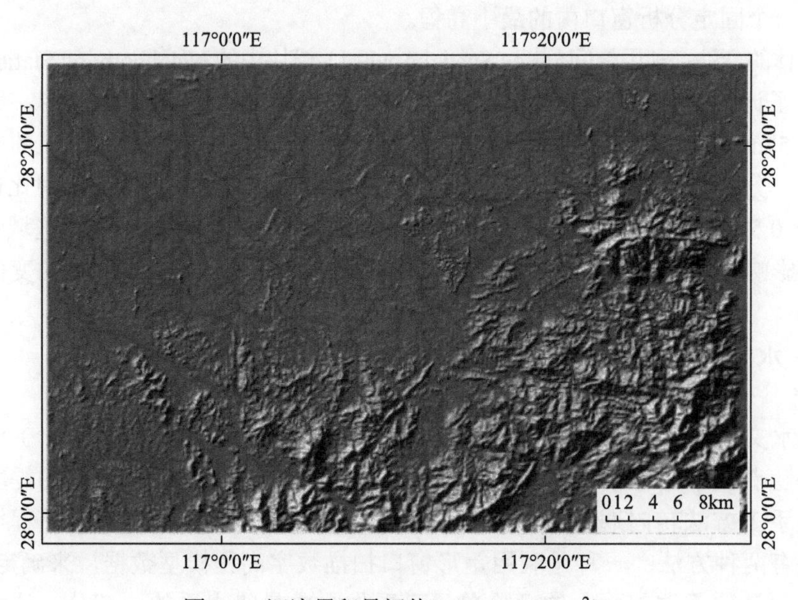

图 4-4　汇流累积量阈值＞1000（$0.9km^2$）

汇流累积量阈值的不同，会造成水系数量的差异很大，进而影响子流域的提取数量。过多的子流域会给分析带来不便，而过少的水系数量会造成相关分析的精度。因此，综合考虑我们的工作中的精度需要，当进行水系分支比和水系密度分析的时候，汇流累积量阈值选择 1000，当进行子流域提取的时候，汇流累积量阈值取 10000。另外，出于数字高程模型数据范围以及研究目的考虑，在选择河流以及流域的时候主要考虑的是信江南部的几条支流和流域。

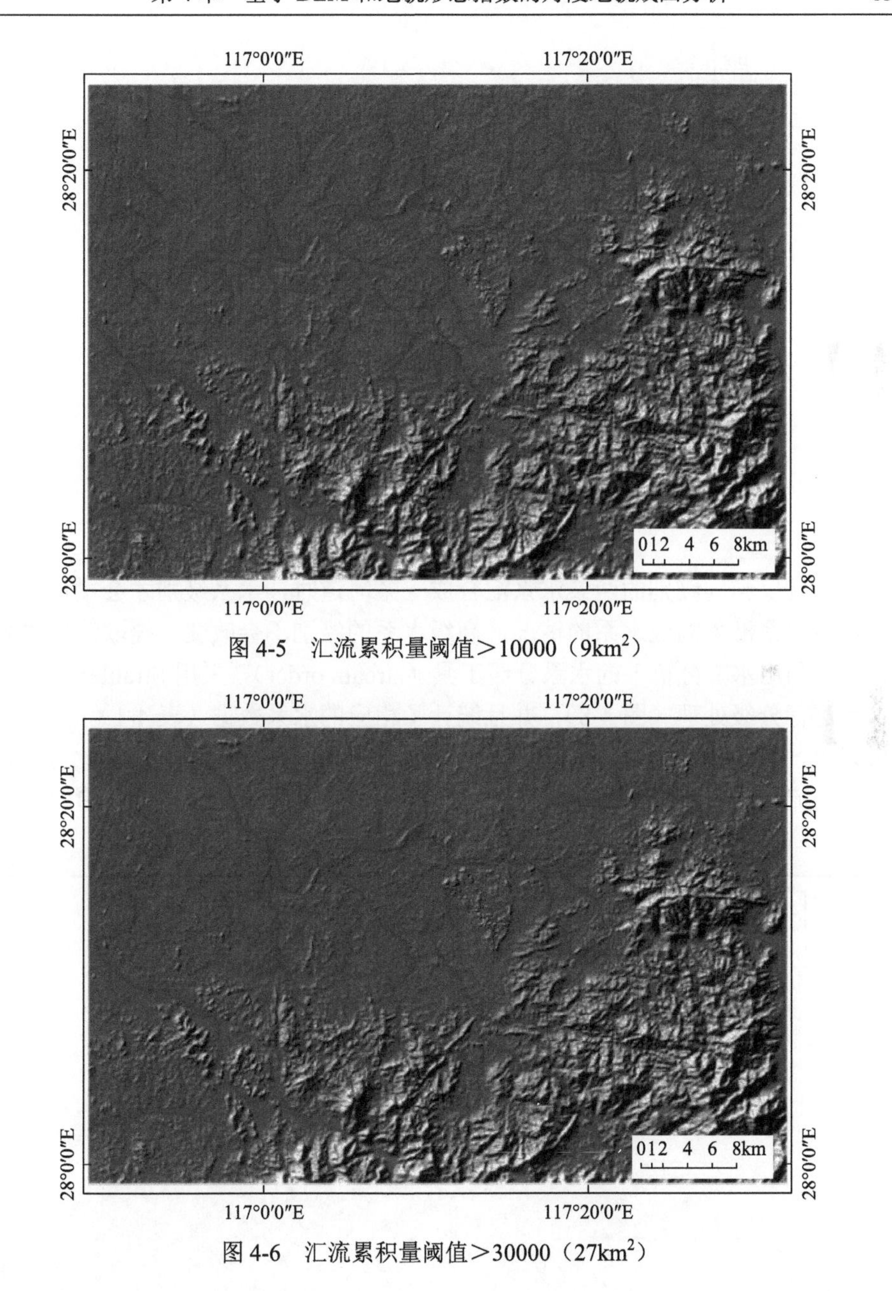

图 4-5　汇流累积量阈值＞10000（9km²）

图 4-6　汇流累积量阈值＞30000（27km²）

2. 水系的分级

流域河网的分级编码方法有多种，在我们的工作中采用 Strahler 的河网分级系统对产生的河道进行分段和分级处理。Strahler 分类方法规定，把最初的没有任何支流的水系定义为一级，称为一级水系，两个一级水系汇合构成二级水系，两个二级水系汇合构成三级水系，并依此类推下去，一直到河网出水口。在这种分

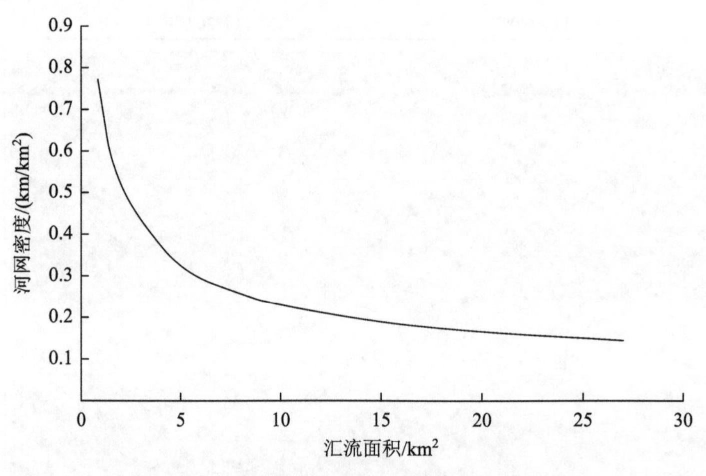

图 4-7 汇流面积的选择与河网密度的关系

级中，当且仅当同级别的两条水系汇合成一条河道时，水系级别才会增加，对于那些低级水系汇入高级水系的情况，高级水系的级别不会改变。提取流域水系网络之后，利用水文分析下的水系分级工具（stream order），采用 Strahler 法对提取的水系进行分级处理（图 4-8），并且统计了相应的水系数据（表 4-1）。从分析的结果来看，R1 河流域与 R4 河流域的分支比与水系密度都比较大，由此可以判定这两条河流域的发育更趋向壮年；对比来看，湖坊河流域相对来说更趋向青年。

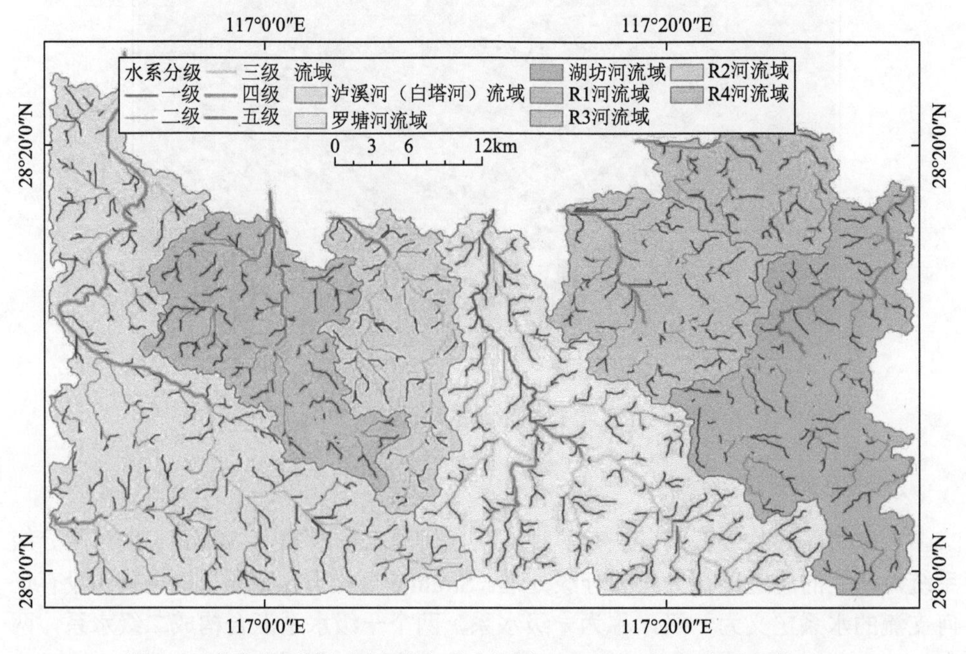

图 4-8 龙虎山区域主要支流水系分级图（Strahler 法）（彩图见附录）

表 4-1　水系数据统计表

流域	一级河流	二级河流	三级河流	四级河流	五级河流	分支比	总数	水系总长度/km	流域面积/km^2	水系密度/(km/km^2)
泸溪河（白塔河）	222	118	55	43		2.193	438	521.3	665.45	0.783
R1 河	86	42	27	15	1	5.101	171	207.6	259.40	0.800
R2 河	60	23	30	6		2.7918	119	139.9	186.06	0.752
罗塘河	166	80	51	16	17	1.9432	330	415.4	534.97	0.776
R3 河	75	39	20	14		1.7672	148	176.9	229.33	0.771
R4 河	44	19	20	3		3.3109	86	106.1	131.63	0.806
湖坊河	124	56	38	26		1.7165	244	280.6	377.90	0.743

3. 水系的分布与断层的关系

一般认为，中国的现今河流都是从新近纪开始发育的，其展布格局定型于第四纪。断裂活动能使岩石破坏而形成抗风化软弱带，河流易于沿断裂发育，使河流的展布方向与活动断裂的走向一致，局部的水系密度也可能相应地增加。因此，水系在一定程度上能够反映新构造断裂活动。由图 4-9 我们可以发现，在龙虎山区域东南角的基岩山区中，多条河流的流向与断层的走向一致。此外，在我们的工作中还利用空间分析中的线密度分析工具（line density）计算了龙虎山区域内

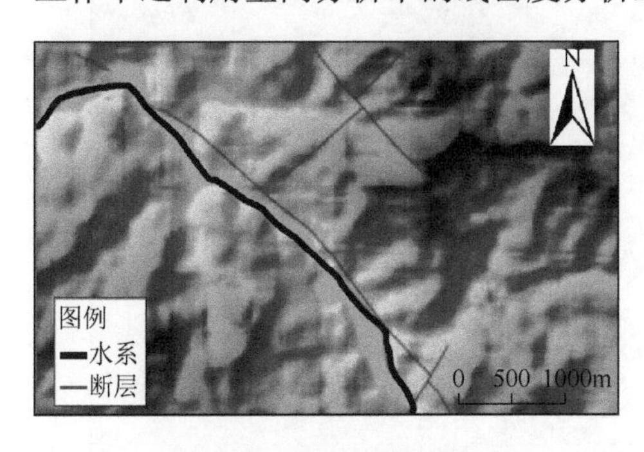

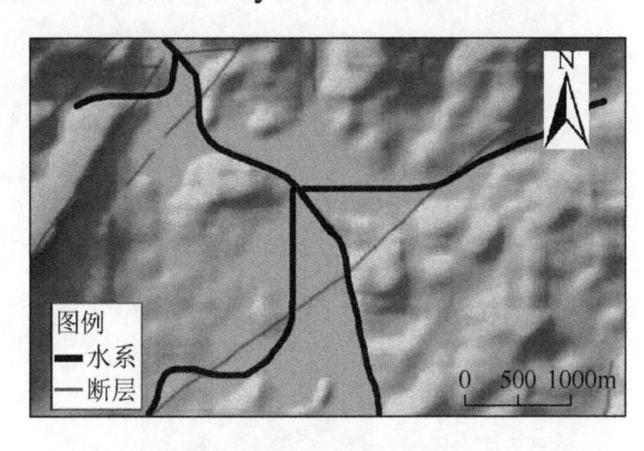

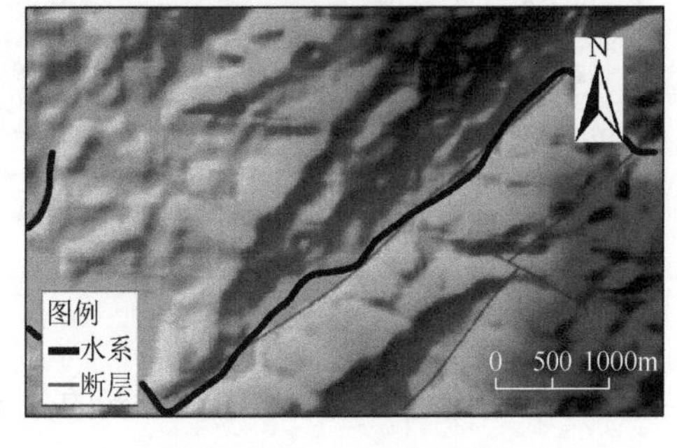

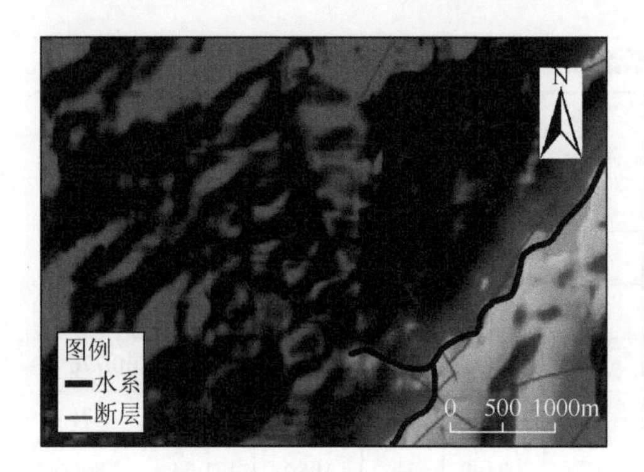

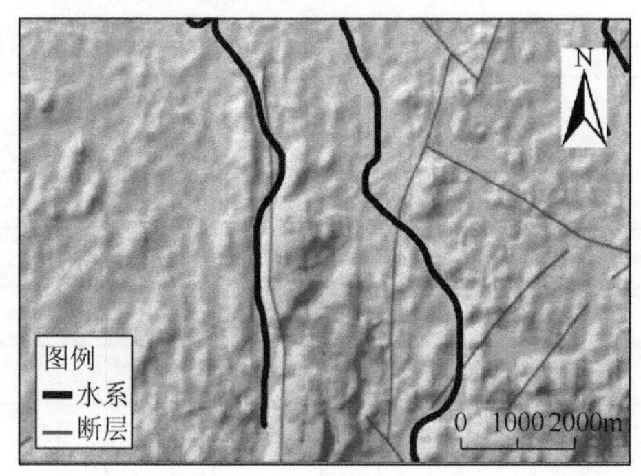

图 4-9　水系分布与断层的关系

的水系密度（单位面积内水系的长度），见图 4-9。由于水系密度与分析窗口的大小有关，所得的值只能反映区域之间的相对大小。由图 4-10 可见局部水系密度的增加与断层的分布有着一定的关系。

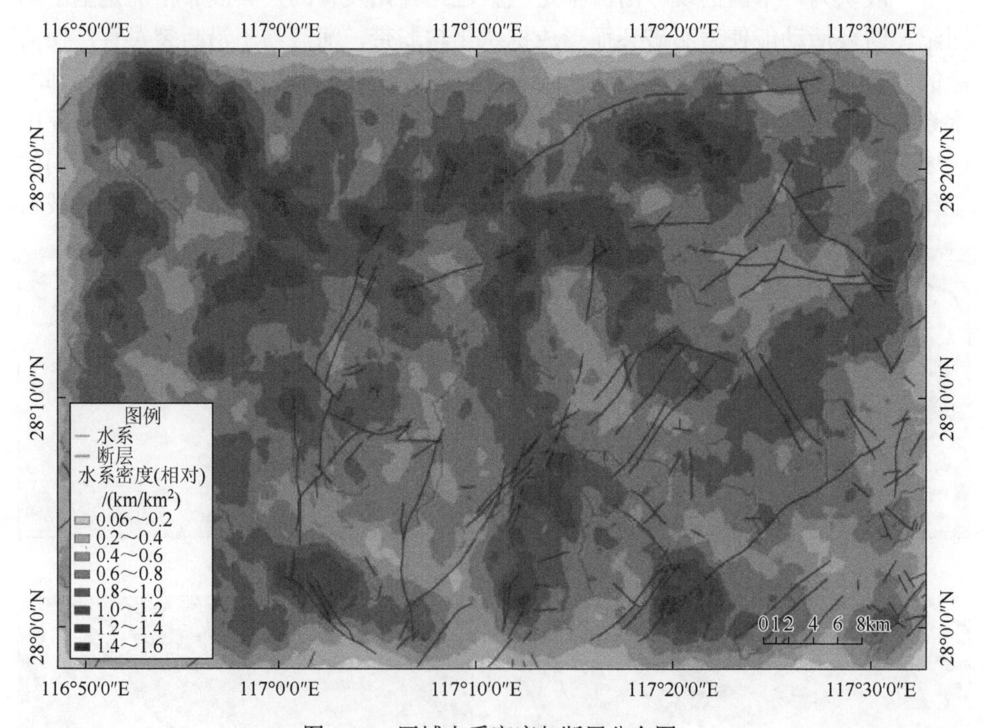

图 4-10　区域水系密度与断层分布图

4. 水系的分维系数

分形理论是现代数学的一个新的分支，其定义为局部以某种形式与整体相似的性质。自从 Mandelbrot 于 20 世纪 70 年代首先把分形理论引入水文学之后，水系的分维系数逐渐被用来表征水系的网络结构特征。何隆华（1995）等认为地表水系的分维系数反映该流域地貌的发育阶段，并给出了基于分维系数的地貌发育阶段划分方法。当水系的分维系数 $D<1.6$ 时，流域地貌处于侵蚀发育阶段的幼年期。此时，水系尚未充分发育，河网密度小，地面比较完整，河流深切侵蚀剧烈，河谷呈 V 形。分维系数越趋近 1.6，流域地貌越趋于幼年晚期，河流下蚀作用逐渐减弱，旁蚀作用加强，地面分割得越来越破碎。谷坡的分水岭变成了锋锐的岭脊。此时地势起伏最大，地面最为破碎、崎岖，地貌发展到 $D=1.6$ 时，标志着幼年期的结束，壮年期的开始。一个地势起伏大、地面切割得支离破碎、崎岖不平的山地地貌，在河流的侧蚀、重力作用和坡面冲刷下，尖锐的分水岭山脊不断蚀低，谷坡变得缓平，山脊变得浑圆，地面由原来的峭峰深谷，变成低丘宽谷。此时，流域地貌发展到了壮年期，$1.6<D<1.89$。当 $1.89<D<2.0$ 时，流域地貌处于侵蚀发育阶段的老年期。河流作用主要为旁蚀和堆积，下蚀作用已很微弱，地势起伏微缓，形成宽广的谷底平原。

利用 ArcGIS 地理信息系统软件平台，采用广泛使用的数盒子（又称网格）法获取龙虎山区域 7 条支流的分维系数。具体操作：在数字水系的基础上，不断地变换栅格尺寸的大小，将水系矢量文件转为栅格文件，并统计各条件下栅格网中属性为 1 的栅格数 N；然后将栅格尺寸和栅格数 N 在 Excel 软件中进行双对数坐标系的线性拟合，其直线斜率的绝对值为该水系的分维系数。具体的拟合效果见图 4-11。

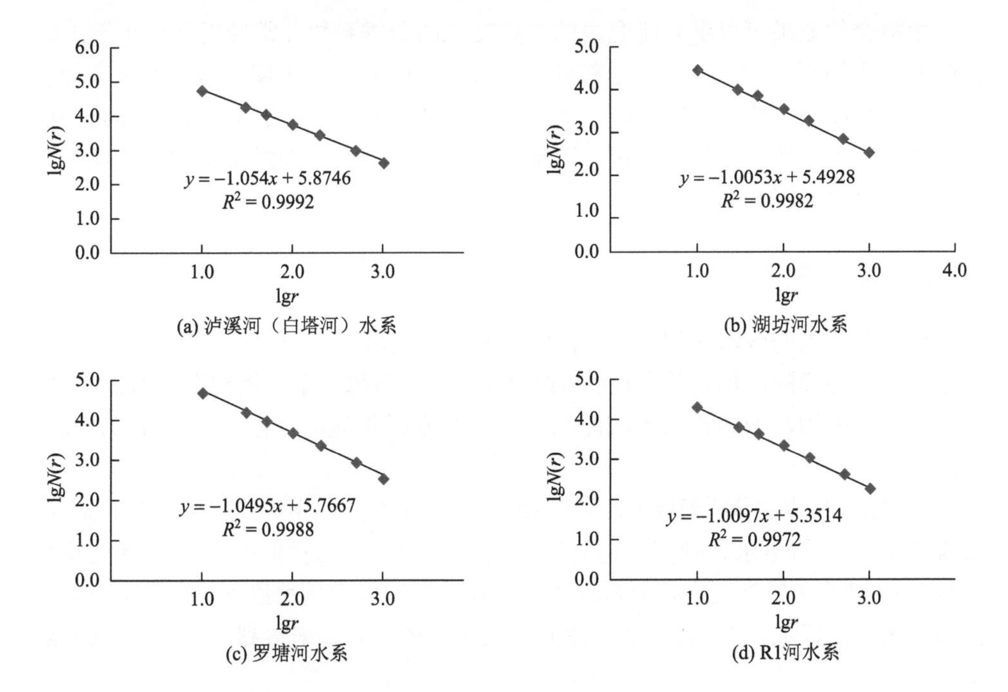

(a) 泸溪河（白塔河）水系　(b) 湖坊河水系

(c) 罗塘河水系　(d) R1河水系

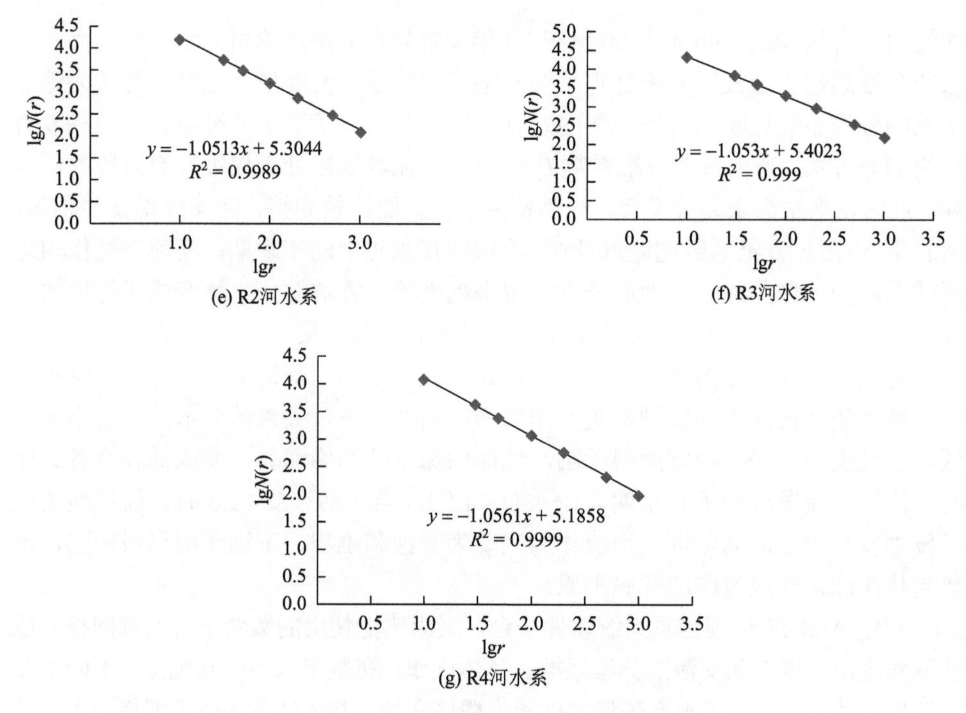

(e) R2河水系　(f) R3河水系　(g) R4河水系

图 4-11　龙虎山区域内各流域水系分维系数拟合

其中 r 为栅格大小；N 为与其对应的水系栅格数量

由拟合的效果可以看到研究内的 7 条支流的分维系数非常接近且均小于 1.6，按照何隆华的划分方法，流域地貌处于侵蚀发育阶段的幼年期。水系尚未充分发育，河网密度小，地面比较完整，河流深切侵蚀剧烈，河谷呈 V 形。这与野外的调查结果较为一致。分析其原因，可能是龙虎山区域在近期经常受构造活动的影响，河流发育滞缓。

5. 流域划分

分水线包围的区域被称为一条河流或水系的流域盆地。任何一个天然的河网，都是由各种各样的、大小不等的水道联合组成的，而每一个水道都有独有的特征、各自的汇水范围，即各自的流域面积，较大的流域通常是由若干较小的流域联合组成的。

在 ArcGIS 水文分析模块下，利用水流方向和出水点划分集水流域。采用 Stream Link 作为流域的出水口数据，得到区域流域划分图。在我们的工作中将主要针对信江南部的 7 条支流进行分析。在 10000 的汇流累积量阈值下，提取出龙虎山区域内所有的流域，然后将 7 条支流的所属的流域合并起来得到 7 大主流域数据。

主流域面积统计数据见表 4-2，主流域分布见图 4-12，子流域分布见图 4-13，子流域面积统计见表 4-3。需要指出的是，由于数字高程模型数据范围的不同，部分流域并不完整，可能会对下面的分析产生一些影响。

表 4-2　主流域面积统计表　（单位：km^2）

名称	面积	名称	面积
1 号流域［泸溪河（白塔河）流域］	665.45	8 号流域（R4 河流域）	131.63
2 号流域（罗塘河流域）	534.97	9 号流域	94.32
3 号流域（信江两岸）	444.66	10 号流域	57.20
4 号流域（湖坊河流域）	377.90	11 号流域	49.28
5 号流域（R1 河流域）	259.40	12 号流域	36.82
6 号流域（R3 河流域）	229.33	13 号流域	34.41
7 号流域（R2 河流域）	186.06	14 号流域	16.88

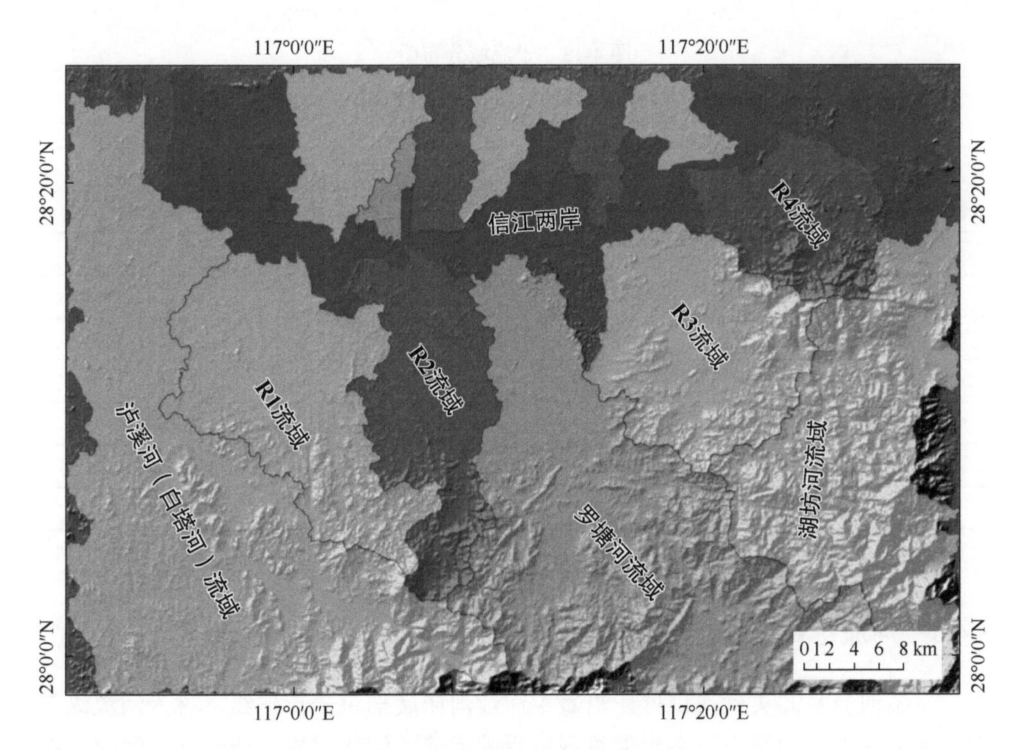

图 4-12　主流域分布图

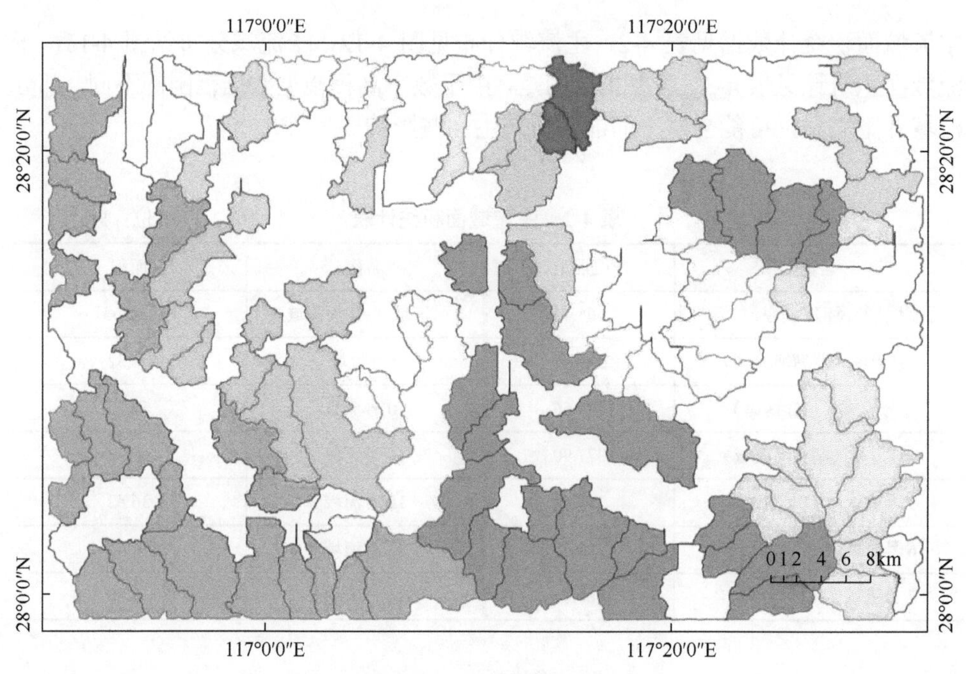

图 4-13 子流域分布图

表 4-3 子流域面积统计表

主流域	数量	总面积/km²	平均面积/km²
泸溪河（白塔河）流域	21	426.76	20.32
R1 河流域	8	188.32	23.54
R2 河流域	4	107.35	26.84
罗塘河流域	17	378.78	22.28
R3 河流域	8	155.57	19.45
湖坊河流域	11	189.35	17.21
R4 河流域	4	88.52	22.13
其他	20	404.26	20.21

4.4.3 河流纵剖面分析

每条河流从源头到河口处，沿着主河线河床底部每一点连线，称为河流纵剖面，河流纵剖面的平面形态也能直观地反映河流的演化过程，通过研究河流纵剖面可以了解该流域构造对河流的控制作用，进而用于分析流域地貌的演化特征。利用水文分析（Hydrology 模块）提取的水系数据，在 ArcGIS 中加载并拼接，得到

7 条主要支流的主干道（图 4-14），使用 Interpolate 和 Create Profile Graph 命令提取了 7 条支流的纵剖面。而后将数据导入 Origin 和 Excel 中，对纵剖面数据进行处理，得到河流的纵剖面拟合函数、Hack 剖面和标准化河长坡降指标（SLK）值。

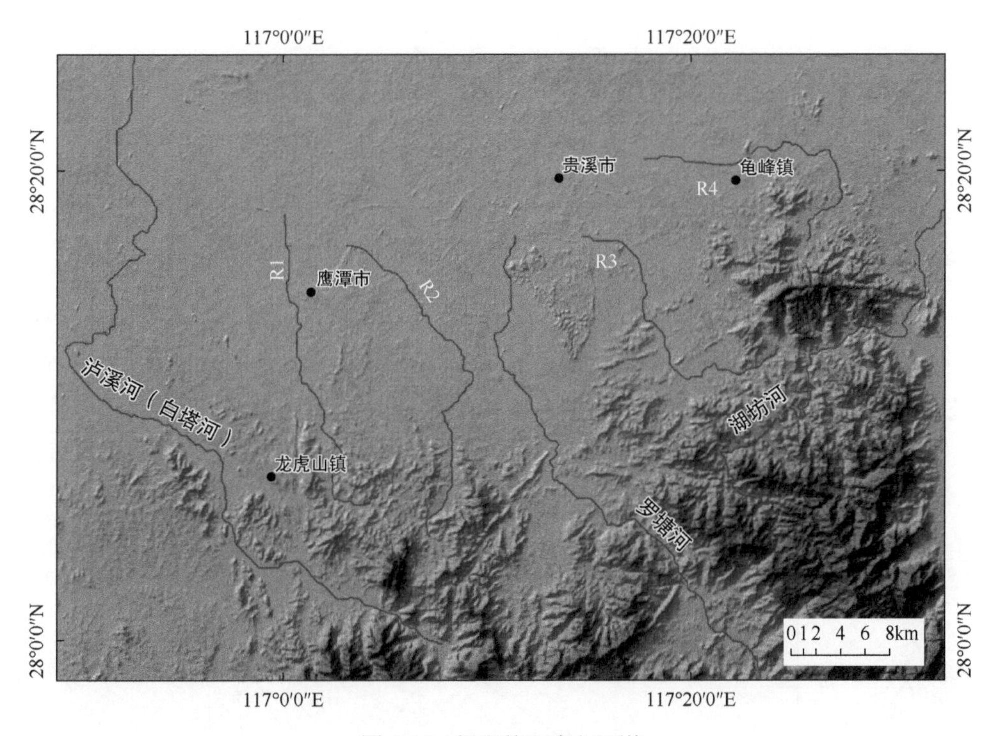

图 4-14　提取的河流主河道

1. 河流纵剖面拟合函数

众多的研究表明作用于河道纵剖面发展的因子与纵剖面的形态存在着函数关系。因此，许多学者利用河道纵剖面的形态来判断河流地貌演化发育的具体阶段和未来的演化趋势，并通过对纵剖面凹曲度的定量分析来研究河流地貌的演化对构造运动的响应。在构造运动不甚强烈、气候变化不甚剧烈等相对稳定的条件下，河流纵剖面的下凹程度与形态变化反映了河流演化发育的过程。目前，用于河流纵剖面拟合的简单数学函数有以下四种。

（1）线性函数：$Y = a + bX$，河流发育的幼年期；

（2）指数函数：$Y = a\mathrm{e}^{bX}$，河流发育的壮年早期；

（3）对数函数：$Y = a\lg X + b$，河流发育的壮年期；

（4）乘幂函数：$Y = aX^{b}$，河流发育的晚年期。

其中，X 为河流中心至河源的长度；Y 为该长度对应的高程，见图 4-15。

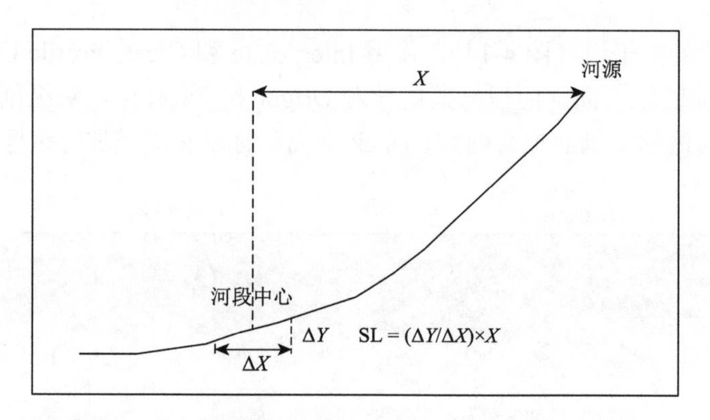

图 4-15　河流坡降指标计算示意图（修改自 Hack，1973）

河流纵剖面的拟合分析就是对河流进行 4 种函数模型的拟合。判断数学函数是否为最佳拟合函数的依据是参考数学函数与实际河流纵剖面的统计回归判定（图 4-16），系数值为 R^2，分析数据见表 4-4，最佳拟合效果见图 4-17。

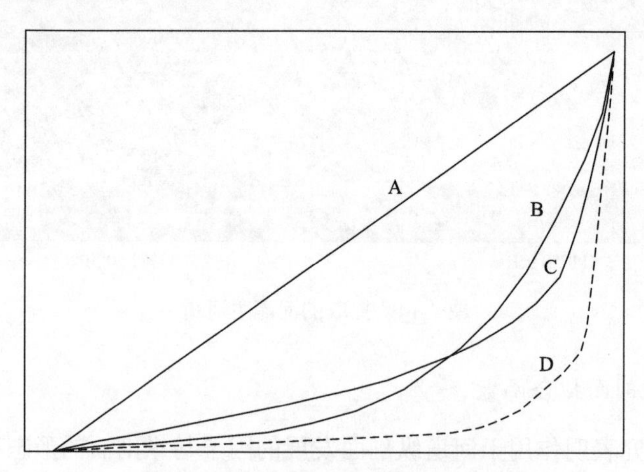

图 4-16　四种简单数学拟合函数

A. 线性函数；B. 指数函数；C. 对数函数；D. 乘幂函数

表 4-4　各河流四种函数拟合效果统计

河流名称	长度/km	线性函数（R^2）	指数函数（R^2）	对数函数（R^2）	乘幂函数（R^2）
泸溪河（白塔河）	75.87	0.930	0.973*	0.774	0.701
R1 河	29.31	0.777	0.874	0.912*	0.872
R2 河	31.10	0.921	0.980*	0.918	0.803
罗塘河	49.99	0.942	0.986*	0.869	0.768
R3 河	25.85	0.896	0.9386*	0.913	0.8405

续表

河流名称	长度/km	线性函数（R^2）	指数函数（R^2）	对数函数（R^2）	乘幂函数（R^2）
R4 河	26.06	0.8555	0.901	0.903*	0.866
湖坊河	48.27	0.8802	0.981*	0.928	0.812

*为最佳拟合函数。

由河道的纵剖面图可以看到龙虎山区域内的几大支流的主干道皆呈现出下凹的形态。局部会有一些凸起和凹陷，叠加区域地质图后，我们可以发现，这些异常段一般都与断层点、岩性变化点、人工筑坝点相对应。泸溪河（白塔河）在仙水岩景区段，岩性由第四纪松散堆积物转为白垩纪沉积岩，岩性抗侵蚀能力的变化，导致了纵剖面的异常凸起。另外，断层对纵剖面的影响也非常明显，在罗塘河上游由于多条断层的错断，导致纵剖面形态呈现出典型的阶梯状，这可能是龙虎山区域经过了多次差异性隆起在河道纵剖面的响应结果。

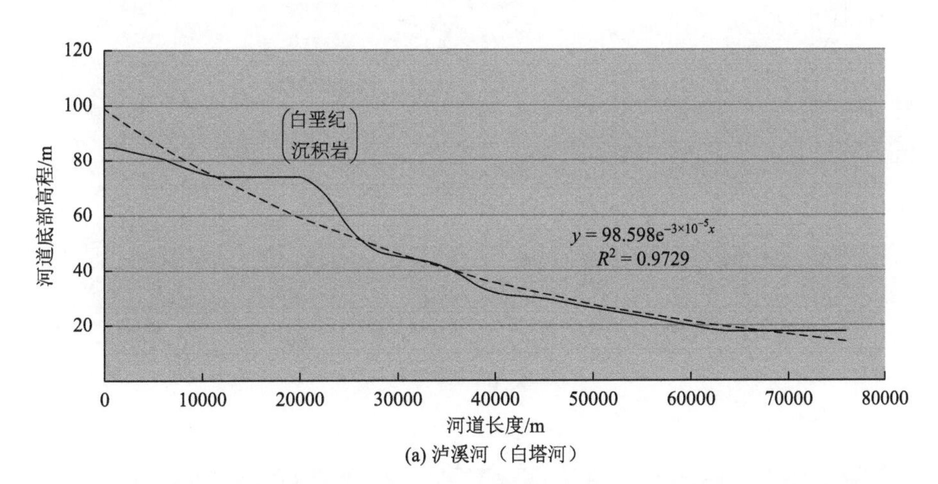

(a) 泸溪河（白塔河）

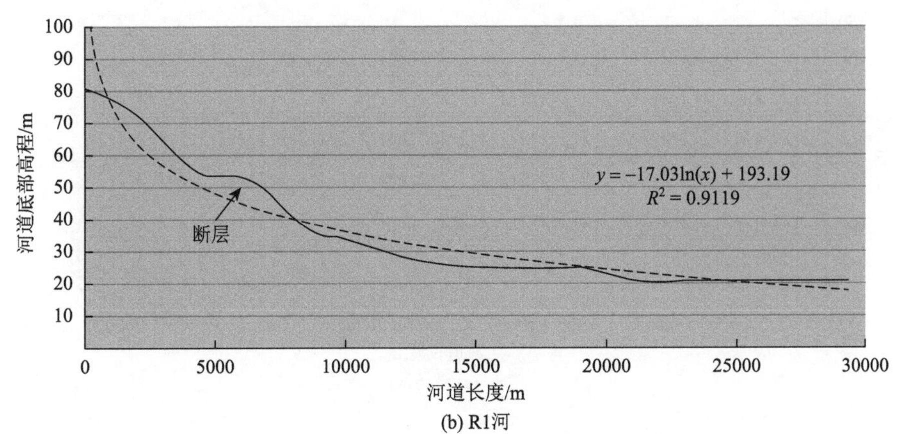

(b) R1河

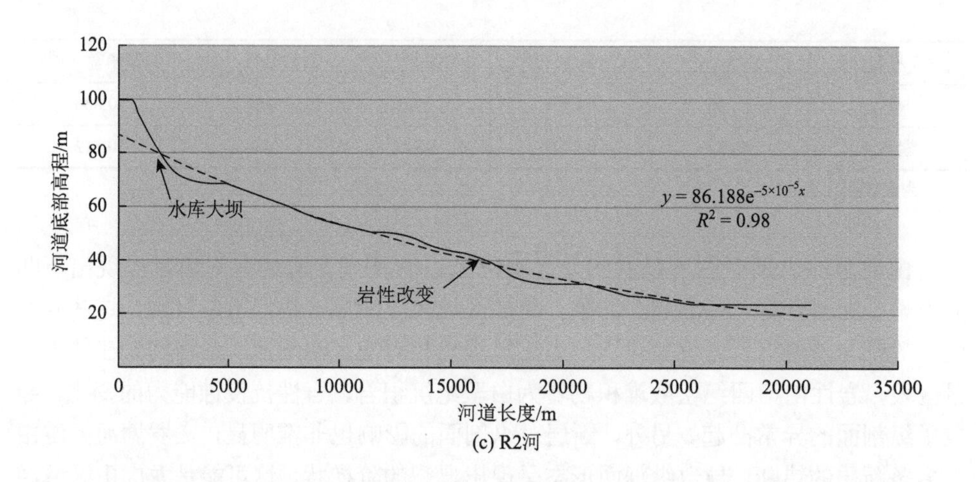

(c) R2河

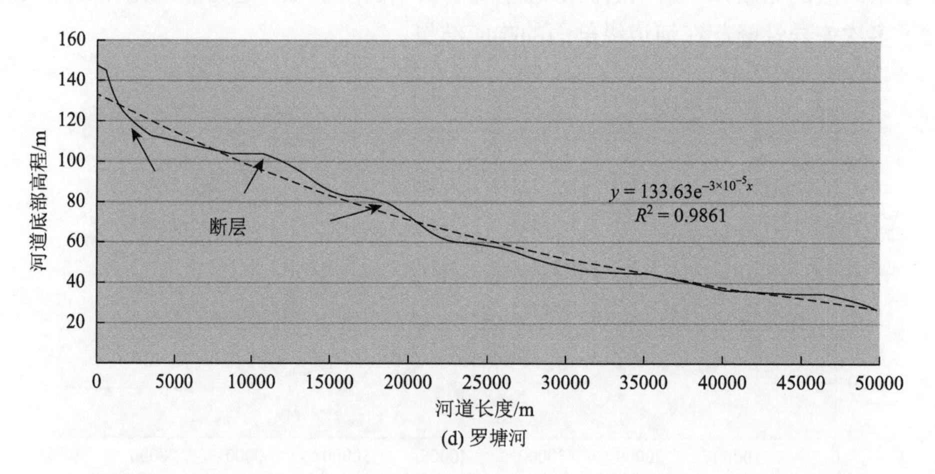

(d) 罗塘河

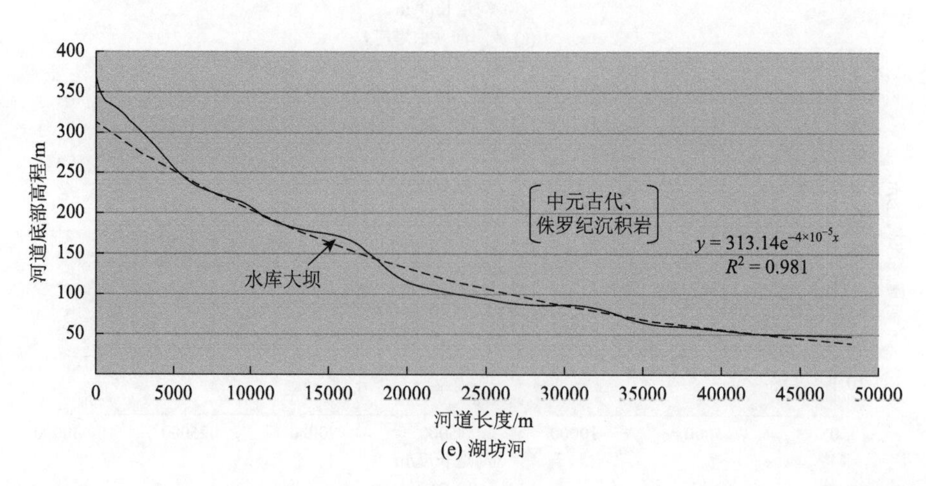

(e) 湖坊河

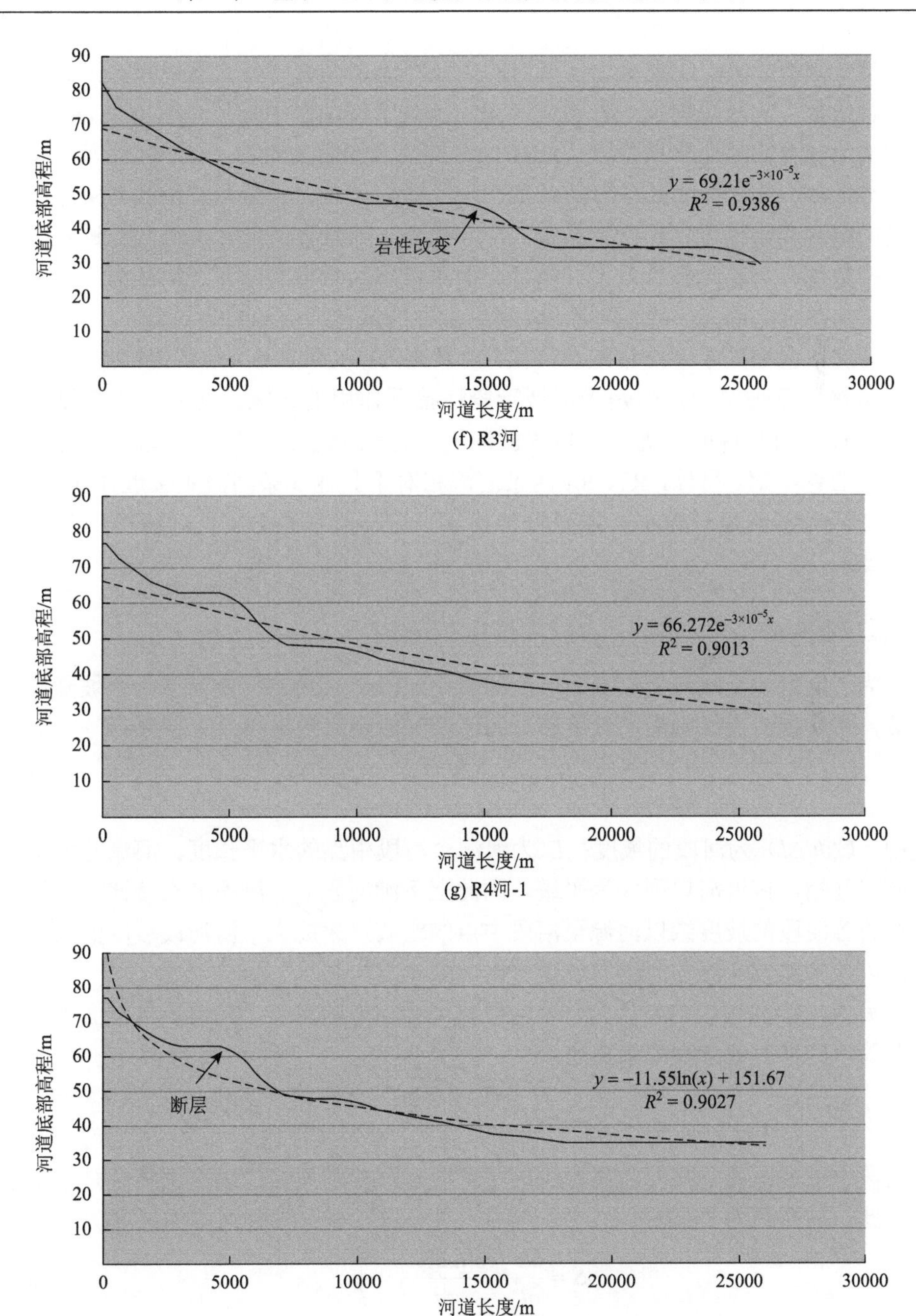

图 4-17　各河流最佳拟合效果

黑色实线是河流实际纵剖面，黑色虚线是拟合函数曲线

拟合函数分析：①龙虎山区域内的 7 条河流剖面其中有 5 条以指数函数为最佳拟合函数，从函数模型上表明这 5 条河流处于侵蚀作用强烈时期，即 Davis 提出的河流发育壮年期早期阶段。②R1 河最佳拟合函数为对数，属于河流发育壮年期，比前几条发育程度更好。③R4 河出现了指数型和对数型两种函数与实际河流纵剖面拟合非常接近，即判定系数（R^2）都高，并且数值非常接近。通过对比发现（指数型）与实际拟合效果并不好，而对数型函数与实际河道纵剖面下凹曲线形态更加吻合。因此，我们判断 R4 河纵剖面的最佳拟合函数为对数。

龙虎山区域处于亚热带湿热气候，雨量充沛，水系发育，地貌侵蚀作用较强。地表虽然一直被侵蚀，但是受区域阶段性抬升作用的影响，两者之间可以说是互有消长，因此目前龙虎山区域内的河流发育还处于壮年期，未达到乘幂型函数阶段的老年期。另外，R1、R4 两条河流相对于其他 5 条河流更接近盆地中心，受构造活动影响相对较小，发育较为壮年。这与对水系分支比、密度的分析结果一致。

2. Hack 剖面及标准化河长坡降指标（SLK）

为了定量地反映河流纵剖面坡度的变化，Hack（1973）定义了一个坡降指标参数，它是指河流纵剖面的坡度和与河流源头的距离的乘积：

$$\mathrm{SL}=\left(\frac{\Delta h}{\Delta l}\right)\cdot L \tag{4-1}$$

式中，（$\Delta h/\Delta l$）为河段的坡度；L 为河源至河段中点的水平长度。河流的坡度在上游较陡峭，接近河口则较为平缓，因此上下游河段的坡度不能直接比较，坡降指标将各河段的坡度乘以河源至河段中点的距离，来放大下游河段坡度的数值效应，以此来比较河流各河段的坡度变化（图 4-15）。

另外，Hack（1973）认为一全河段抗蚀力相似的河流，其河流纵剖面可以用一个简单的半对数方程式来描述：

$$H=C-k\times \ln L \tag{4-2}$$

式中，H 为河流纵剖面的高度；C 为河源高程；k 为线性构造坡度；L 为河流源头至河段中点的距离。将河流离源头的距离取对数，则河流的纵剖面将会是一条直线，此一剖面称为 Hack 剖面。式（4-2）对 L 进行微分则为河段的坡度：

$$S=\frac{\mathrm{d}h}{\mathrm{d}l}=\frac{\mathrm{d}[k\ln L]}{\mathrm{d}l}=\frac{k}{L} \tag{4-3}$$

$$SL=k \tag{4-4}$$

另外，由式（4-3）可得 $k=\dfrac{H_i-H_j}{\ln L_i-\ln L_j}$，这里 i、j 为河道上任意两点，当距离较短时，k 近似为 $k=(\Delta h/\Delta l)$，所以 $S=(\Delta h/\Delta l)\cdot L$。与式（4-4）一致，河流坡降

指标可以说是在曲线状的 Hack 剖面上取微分的结果，而 Hack 剖面则是将河流原始纵剖面距离源头长度取对数的结果。

Hack 剖面反映了河流纵剖面的整体变化。在全河段抗蚀力相似的河流中，河流均衡纵剖面的半对数坐标，即 Hack 剖面，是一条直线。而在自然界河流全河段抗蚀力都相似的情况下出现的概率很小，因此其 Hack 剖面多呈现上凸或下凹等“曲线”形状。Hack 剖面从河流源头到流域出口点连成一条直线（即全河段抗蚀力相似河流的 k 值），此直线代表该河流全河段达到动力平衡时的均衡状态，称为理想均衡剖面，其斜率称为均衡坡降指标，以 k 为代表。而不同河流的均衡坡降指标不同，因此在比较不同河流间的河长坡降指标时，就需要使用均衡坡降指标值 k 对不同河段的 SL 参数进行标准化。有学者在喜马拉雅山地区河流的研究中就是将每条河流不同的小河段均除以该河流的均衡坡降指标值，从而得到标准化河长坡降指标（SLK），SL/k 值介于 2～10 的为陡河段，大于 10 的为极陡河段。本章即借用此标准来划分河段的陡缓级别。从图 4-18 可以看到龙虎山区域河流 Hack 剖面的形态均表现出以均衡坡降指标线为底界，Hack 剖面整体上呈上凸形态，局部有多段凹-凸形变化。另外，R1 河、R4 河的下游有明显的下凹段，由于对数坐标的原因，将距离明显缩短了。

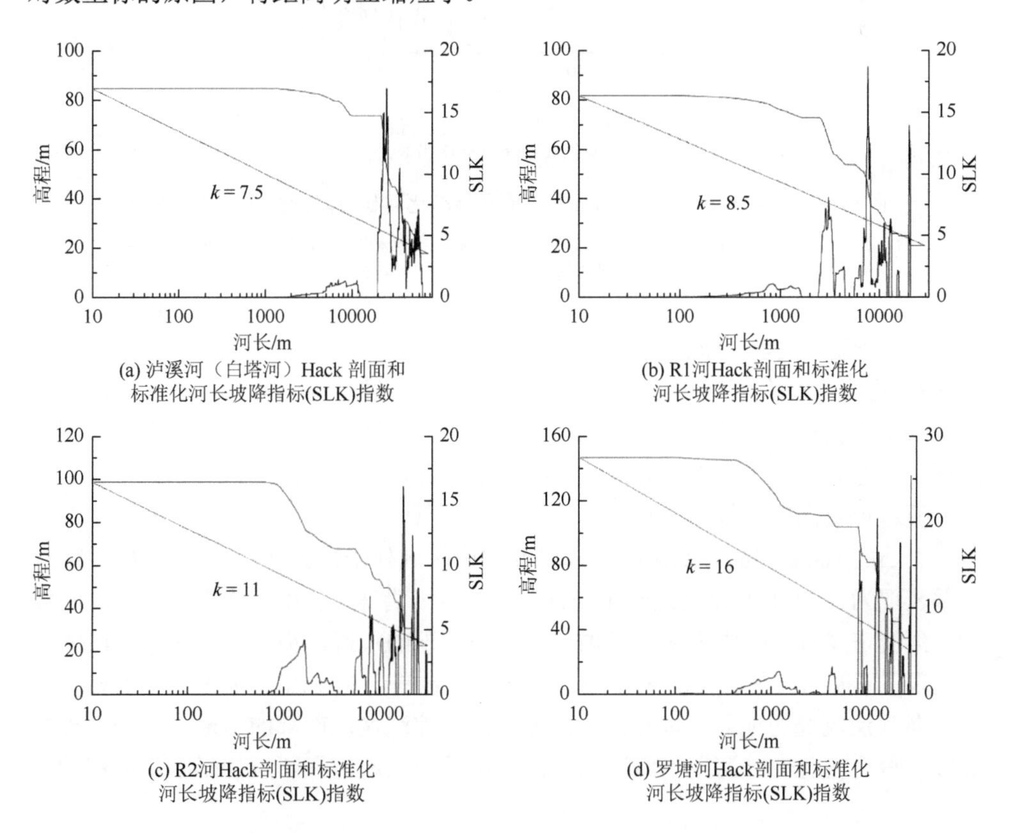

(a) 泸溪河（白塔河）Hack 剖面和标准化河长坡降指标(SLK)指数

(b) R1河Hack剖面和标准化河长坡降指标(SLK)指数

(c) R2河Hack剖面和标准化河长坡降指标(SLK)指数

(d) 罗塘河Hack剖面和标准化河长坡降指标(SLK)指数

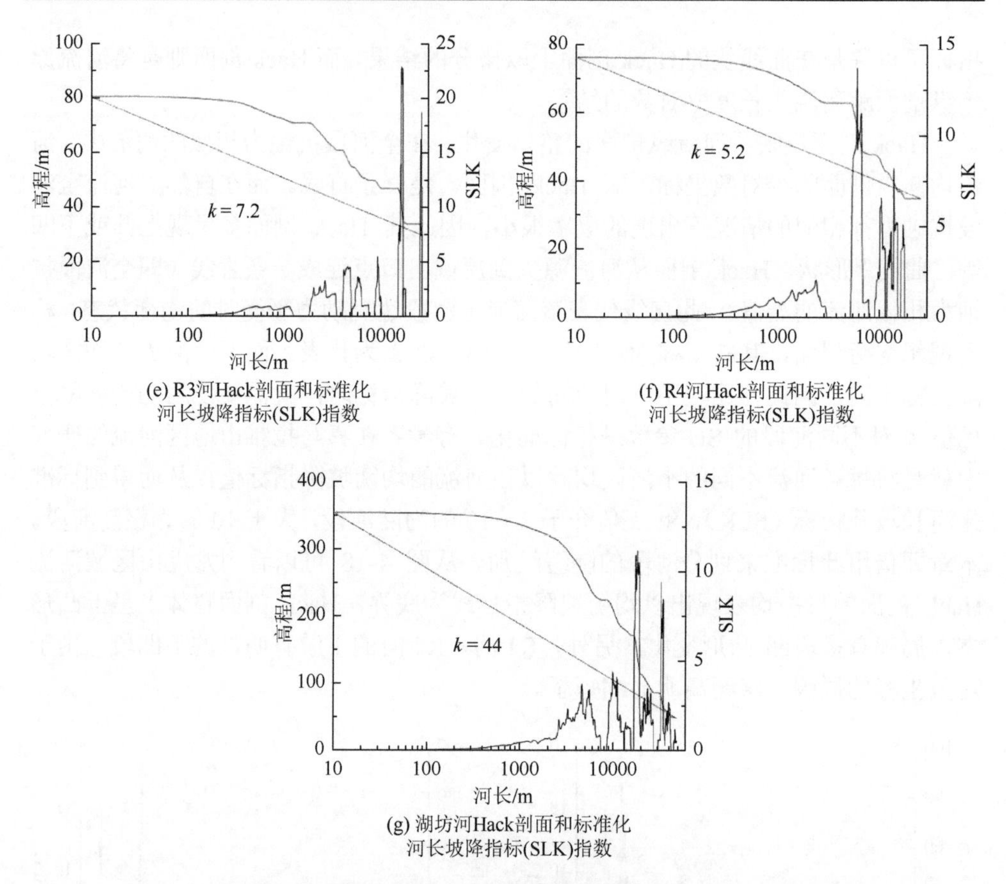

(e) R3河Hack剖面和标准化河长坡降指标(SLK)指数

(f) R4河Hack剖面和标准化河长坡降指标(SLK)指数

(g) 湖坊河Hack剖面和标准化河长坡降指标(SLK)指数

图 4-18　区域内各条河流的 Hack 剖面和标准化河长坡降指标（SLK）指数

拱形光滑线表示的是 Hack 剖面，斜直线表示的是均衡坡降指标值（k），黑色齿状曲线表示的是标准化河长坡降指标（SLK）指数

目前的研究发现，Hack 剖面的上凸现象大多是地质构造抬升引起的。Brookfield（1998）提出了渐变河流在受到断层作用时的演变模型（图 4-19），连续的河流剖面反映了河流一直朝着新的平衡剖面演化的趋势，当发生变化的剖面再次回到新的渐变状态的时候，渐进型的侵蚀曲线清楚地反映了 Hack 剖面由凸形变为凸-凹形，而这种变化需要很长时间。

上凸的 Hack 剖面表明第四纪以来龙虎山区域处于较为强烈的构造隆升状态，局部表现为凸-凹形变化则反映了在此类构造隆升背景下，由于构造活动的时间较新，河流在发育过程中还来不及做出调整而留下的痕迹。另外，在多条河流的下游出现了下凹的河段，根据图 4-19 的理论，这也是由龙虎山区域差异性抬升所致。从 7 条河流流经的地貌可以看出，河流发源于信江盆地南部的山地，流经中部的丘陵，最后在北部的河湖平原汇入信江。由于受盆地边界断层的影响，河流的下游出现了下凹的现象。从地质图上我们可以发现，由于每条河流受边界断层影响的不同，R1 河、R4 河表现较为明显，而其他几条河流，因为河口靠近边界断层，没有出现明显的下凹现象。按照以上理论，泸溪河下游应该出现更为明显的现象，但是泸溪河没有出现较长的下凹河段。这是因为研究区内泸溪河（白塔河）是不完整的，只是中下游的一段。如果将龙虎山区域扩大，提取完整的 Hack 剖面（图 4-20），我们可以发现，经过距离源头 30km、60km 两处突然下降以后，Hack 剖面进入

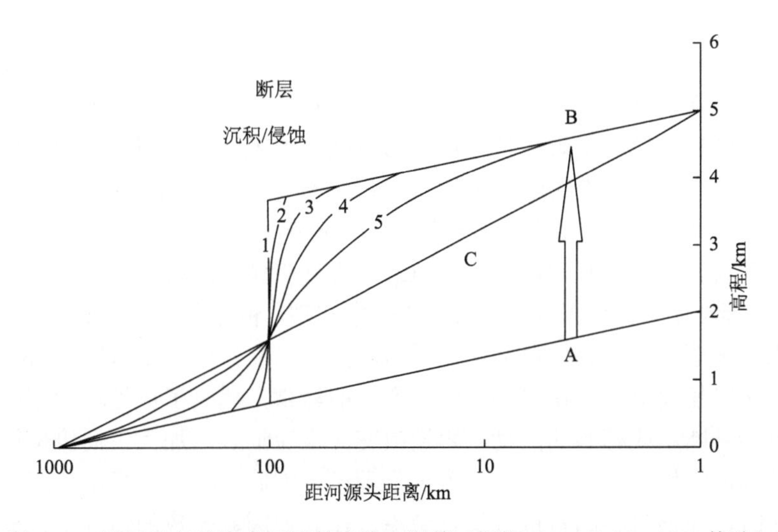

图 4-19　断层引起的渐变河流的变化和调整（根据 Brookfield，1998 修改）

渐变河流剖面 A 由于突然的断层位错移至 B；连续的剖面 1～5 反映了河流朝着可能发生的新的平衡剖面演变的趋势，最后达到新的平衡剖面 C

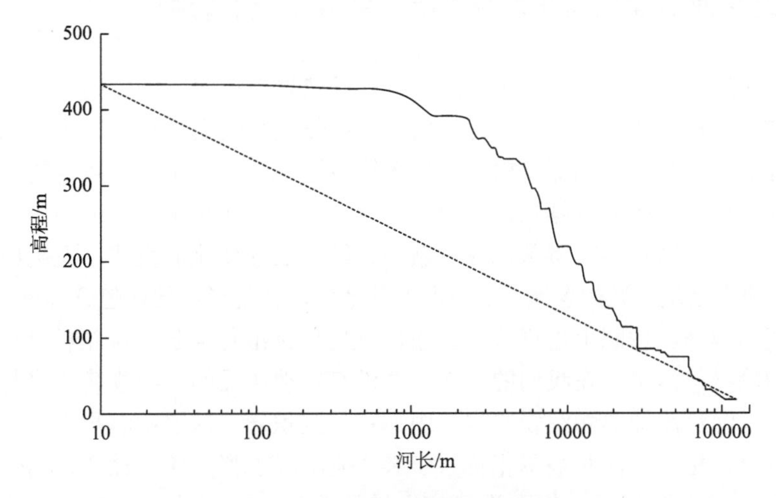

图 4-20　泸溪河完整 Hack 剖面

黑色光滑曲线是 Hack 剖面线，黑色虚线是均衡坡降指标

下凹段，这与边界断层大致是对应的。之前的研究发现龙虎山区域内有 4 个古夷平面和两级河流阶地，说明龙虎山区域在第四纪以来经历过比较大的构造抬升运动，由热释光测年（姜勇彪等，2006）获得龙虎山区域地壳隆升速率为 0.33～0.63m/ka，以此推算一级阶地形成于 3400～4000a B.P.，二级阶地成 7600～8000a B.P.，第一夷平面形成于 6×10^4a 左右，第二夷平面形成于 28×10^4a 左右。这与在我们的工作中的结果有较好的印证关系。

Hack 剖面的斜率即为 SL，SL 与均衡坡降指标的比值则为标准化河长坡降指标（SLK）。众多研究表明，标准化河长坡降指标（SLK）能够反映河道基岩的抗侵蚀能力和构造活动信息。在标准化河长坡降指标（SLK）偏高的区域可能预示着该区域地层岩性较为坚硬，抗侵蚀能力较强，或表示该区域受差异构造活动影响，造成河段坡度局部的变化；反之，区域地层岩性较为软弱，抗侵蚀能力较差，或者区域构造活动性低，甚至不受构造作用的影响。由图 4-18 可以看到，龙虎山区域内各河流标准化河长坡降指标（SLK）值有明显的波动性，并且所有的河流均有极陡［标准化河长坡降指标（SLK）＞10］出现，将标准化河长坡降指标（SLK）赋值到水系平面图中，叠加数字化地质图，便于观察分析，具体见 4.4.6 节。

标准化河长坡降指标在局部地区所产生的异常，代表了该处坡度急剧变化。某原因可能是断层或褶皱的活动、岩性改变、支流汇入，加大了河流侵蚀能力，人为建筑物如水坝、拦沙坝造成河流坡度骤增。因此，在讨论标准化河长坡降指标的分布时，应该对各因素进行综合考虑，在其他因素一致的情况下，分析由一个因素带来的差异。

4.4.4 岩性对标准化河长坡降指标（SLK）值的影响

标准化河长坡降指标（SLK）参数可以反映岩石抗侵蚀能力的大小，抗侵蚀能力强的岩石标准化河长坡降指标（SLK）参数往往较大；反之，抗侵蚀能力弱的岩石标准化河长坡降指标（SLK）参数往往较小。一般来说，越老的岩层其岩性越坚硬，抗侵蚀能力也越强。龙虎山区域内的河流如果不受其他因素的影响或影响很小，那么这些 SL 参数的突变就应该随岩性的变化而变化。龙虎山区域内的所有河流都是从上游的老地层到下游的新地层，并且老地层还包含部分岩浆岩，抗侵蚀能力较强。按照上述规律，上游应该出现标准化河长坡降指标（SLK）整体偏高的趋势，但是，在我们的工作中并没有发现明显的此类规律，只是在湖坊河中下游，河流流经奥陶纪岩浆岩、中元古代沉积岩、侏罗纪沉积岩、第四纪松散堆积物时，标准化河长坡降指标（SLK）值出现了整体随岩性变化而变化的现象。另外，我们发现了一些因为局部岩性的改变而带来的标准化河长坡降指标（SLK）值异常点：①泸溪河经龙虎山仙水岩景点处，岩性由第四纪松散堆积物向白垩纪沉积岩变化，造成了标准化河长坡降指标（SLK）局部的剧增。②R3 河的中下游，岩性由侏罗纪火山岩、白垩纪沉积岩转向第四纪松散堆积物，标准化河长坡降指标（SLK）也出现了一个峰值。分析上述原因，分布在山地地貌和河湖平原地貌之间的河流，尽管上游岩性抗侵蚀能力很强，但是河道的比降大，侵蚀能力强，河流以侵蚀作用为主；到了下游，河道的比降非常小，流速非常慢，即便流经的是抗侵蚀能力差很多的第四纪和白垩纪的新地层，河流仍以堆积作用为主，这就可能导致整个河段标准化河长坡降指标（SLK）值与岩性的响应较差。而在局部河段，河流的侵蚀能力一致的情况下，岩性抗侵蚀能力的变化则会导致标准化河长坡降指标（SLK）值的突变。另外，还有一些现象难以解释：R2 河的中段，同样是白垩纪的沉积岩，也没有其他因素的影响，其标准化河长坡降指标（SLK）值却发生了比较大的波动；R4 河出现了下游白垩纪地层中的标准化河长坡降指标（SLK）值整体比上游高的情况（图 4-21）。

4.4.5　断层构造对标准化河长坡降指标（SLK）值的影响

由图 4-21 可以看出龙虎山区域内的断裂构造对标准化河长坡降指标（SLK）值影响还是很明显的，在有断裂构造通过的河段附近出现了标准化河长坡降指标（SLK）值异常，大致地（由东至西）包括：湖坊河中上游的两个陡河段（SLK＞2）；R4 河的上游一个极陡河段（SLK＞10）；R3 河上游的四个陡河段；罗塘河上游的两个极陡河段，四个陡河段，下游的一个陡河段；R2 下游的一个陡河段；R1 河上游一个极陡河段，一个陡河段。在断层形成之初，标准化河长坡降指标（SLK）值突变点（裂点）应该在断层处，随着时间的推移，因为河流的溯源侵蚀作用，裂点会向上游移动，移动的距离与溯源侵蚀的速度和断裂形成后的时间有关。因此，在图中出现的一些距离断层较远的标准化河长坡降指标（SLK）异常点可能是这个原因形成的，但是龙虎山区域同一河段可能有较多的断层通过，导致很难判断是哪一条断层引起的。如果断层引起的裂点清晰可辨，某条断层形成的年龄大致了解的话，我们还可以利用这个来推测河流溯源侵蚀的速度以及判断其他断层形成的时间段。在我们的工作中，选取了河段中只有一条断层通过，受其他因素影响较小的两个异常河段进行粗略的计算，具体见图 4-21 中的标记点，由图上测得两个点的平均上移了 390m 左右，从剖面图中可以看到两条断层造成的陡坎高程差都在 14m 左右，处于河段的也差不多，由此我们推断这两条断层可能形成于同一时期。如果以一级古夷平面形成的时间作为断裂形成的时间的话，而且假设溯源侵蚀是匀速的，那可以推算河流溯源侵蚀的速率约为 10mm/a。

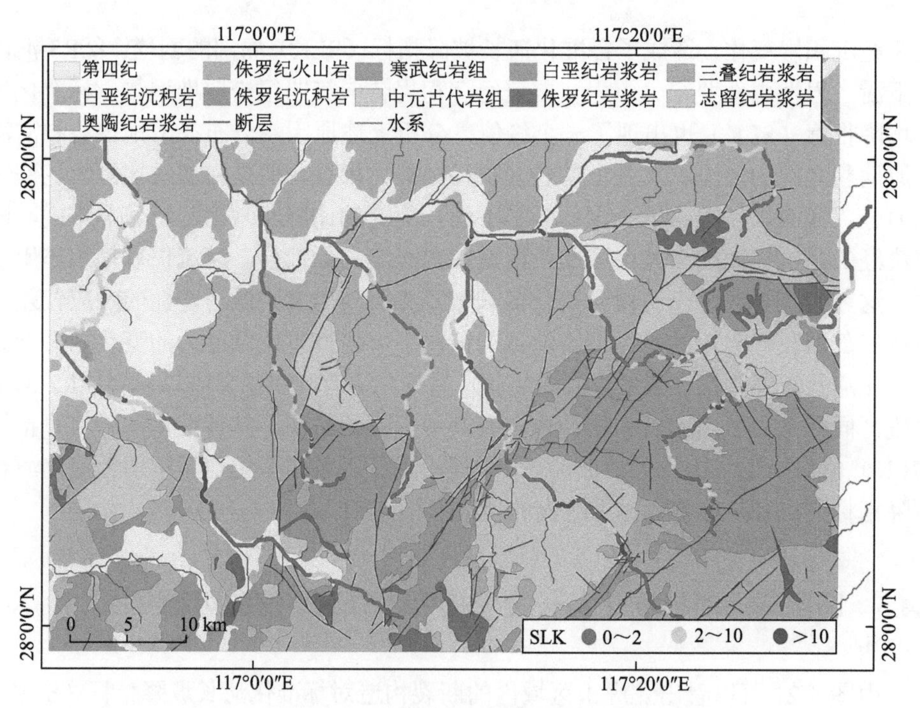

图 4-21 标准化河长坡降指标值分布图（彩图见附录）

图中的编号为计算裂点

由图 4-21 可见龙虎山区域内支流的汇入对河段的标准化河长坡降指标（SLK）值影响也是很明显的，在构造运动影响较小岩性单一的泸溪河下游表现得尤为突出，在其每一个支流汇入附近都会出现陡河段，在最西边的一处陡河段貌似难以解释，但是如果将龙虎山区域范围扩大，我们可以看到，在白塔河干流的西边还有一大支流汇入白塔河，这就能很好地解释此处的标准化河长坡降指标（SLK）值异常。在其他河段也出现一些因支流汇入出现的异常值河段：R1 河的中游一陡河段，R2 河下游一陡河段，罗塘河中游的一极陡河段，R4 下游的一陡河段，湖坊河中游的一陡河段。另外，还有一些支流与断层共同影响的河段。由于两者都可能影响标准化河长坡降指标（SLK）异常，当两者出现在同一河段时，则难以判断是哪一种作用更强。

综上所述，龙虎山区域内发现的标准化河长坡降指标（SLK）值偏高的河段与断裂构造、支流的汇入、岩性的变化均有一定的关联，还有一些是两者甚至三者共同作用的结果。另外，在我们的工作中还发现湖坊河的中游出现的极陡河段和 R2 河最上游出现的陡河段是水库人工筑坝造成的。当然，研究中还有一些难以解释的异常值点，原因可能有两点：

（1）在标准化河长坡降指标（SLK）值异常处存在未发现的隐伏断裂构造，

或者有断裂构造经过的河段，由于断层已经转为地下较深处，对其上部的河道影响较小。

（2）数字高程模型数据精度不够，特别是高程精度，这对于龙虎山区域内较小的高程差（最大是湖坊河，为 320m，最小是 R4 河，为 41m）来说，分析的误差是非常大的。国外很多相关的研究采用的是 10m 的分辨率。

4.4.6　面积-高程积分曲线及面积-高程积分值

面积-高程积分是研究某一流域水平断面面积与其高程间的关系，是通过对流域地表的高程组合信息的统计，从而研究流域内地貌形态以及发育特征的重要指标，对揭示丹霞地貌这一流水侵蚀地貌的发育特征有着重要的作用，也可以用面积-高程分析曲线表示（图 4-22）（Strahler，1952）。

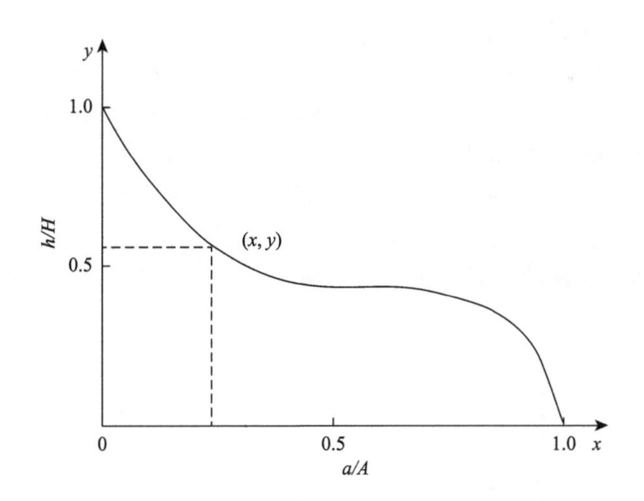

图 4-22　Strahler 的面积-高程积分曲线示意图

h 为某一等高线相对于流域最低点的高差；*H* 为流域地势高差；*a* 为某等高线之上的流域面积；*A* 为流域总面积

面积高度积分可以表达为

$$\frac{V}{HA}=\int_0^1 x\mathrm{d}y$$

式中，V 为流域实际地形体积。面积-高程积分表示了流域实际地形和未经侵蚀的完整地形体积之比，反映了流域未被侵蚀的量。Pike 和 Wilson 通过数学推导证明，面积-高程积分值的计算可用以下经验公式代替：

$$\mathrm{HI}=\frac{\overline{\mathrm{alt}}-\mathrm{alt}_{\min}}{\mathrm{alt}_{\max}-\mathrm{alt}_{\min}}$$

式中，$\overline{\mathrm{alt}}$ 为流域平均高程；$\mathrm{alt}_{\max}$、$\mathrm{alt}_{\min}$ 分别为流域内最大和最小高程。Strahler 等将面积高度曲线的形状分为凸形（幼年期）、S 形（壮年期）及凹形（老年期）。流域地形演化时间越长，侵蚀程度越高，其面积-高程积分曲线呈现凹形，面积-高程积分值较低（HI＜0.4），表示此集水区已进入 Davis 地貌循环的老年期阶段；地形演化时间越短，受侵蚀程度越低，大部分的地形面高程相对高于平均高程，则其面积-高程积分曲线呈凸形，面积-高程积分值较高（HI＞0.6），此时流域地貌演化是幼年期阶段；介于中间的面积-高程积分值（0.4＜HI＜0.6），面积-高程积分曲线呈 S 形，代表次集水区已发展至壮年期的阶段。张瑞津等研究我国台湾高屏溪谷与潮州断崖地区的地貌后，指出面积-高程积分值一般在 0.45 以上为幼年期地形，在 0.15～0.45 之间为壮年期地形，在 0.15 以下则为老年期地形。因此，有学者以面积-高程积分作为考察区域构造活动的指标并与其他地形计量指标互相对比，解释龙虎山区域的构造活动性。

国外对流域面积-高程积分研究比较成熟，为此也开发了许多相关的工具。在我们的工作中利用旧金山大学地理信息科学学院（Institute for Geographic Information Science，San Francisco State University）开发的一款 ArcGIS 分析工具（Hypsometry Tools）进行 7 条主要的支流流域的等高线截取面积计算，得到各流域的面积-高程分布数据。将数据导入 Origin8.6 中得出流域的面积-高程积分曲线图（图 4-23），并计算其 HI 值。具体的流域分布见图 4-24。

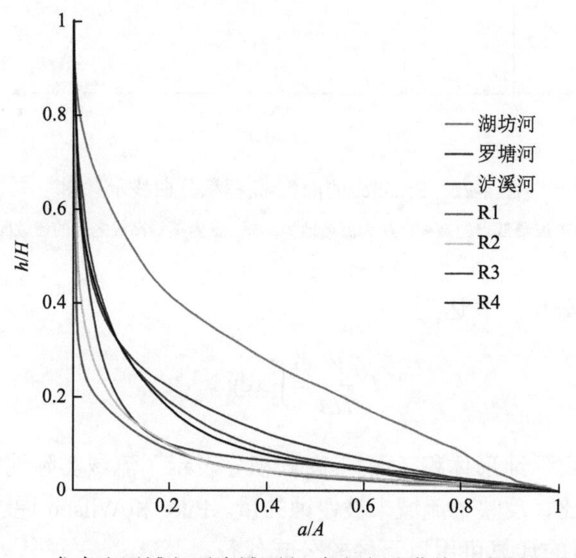

图 4-23　龙虎山区域主要流域面积-高程积分曲线（彩图见附录）

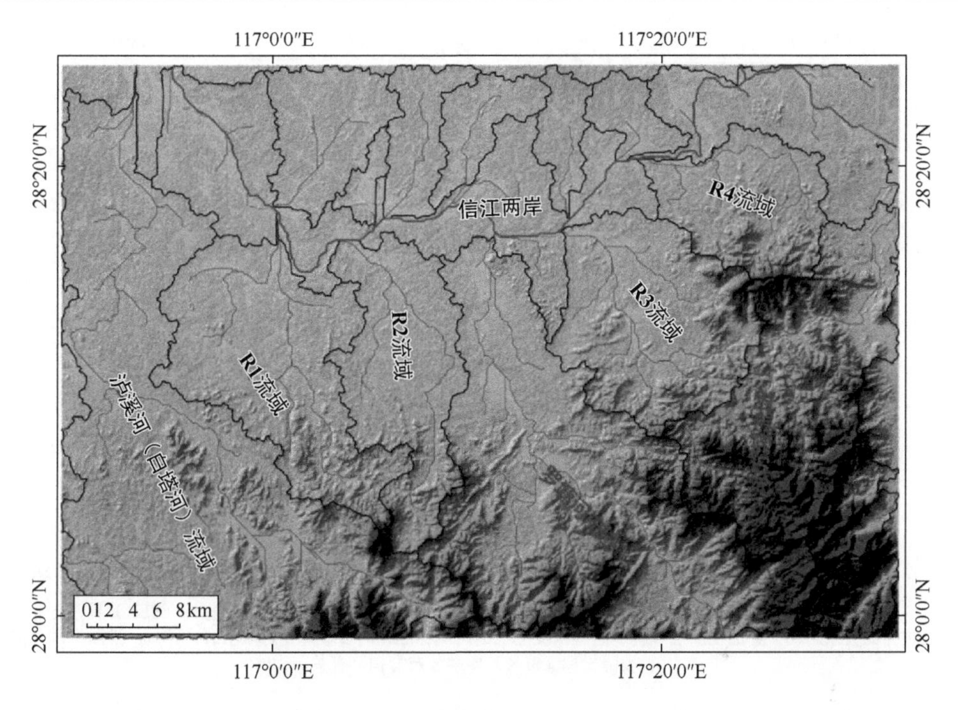

图 4-24　面积-高程积分分析流域分布图

7 个流域的标准化河长坡降指标（SLK）异常图由 ASTER GDEM 按照 Pérez-Peña 等（2009）提出的方法计算（表 4-5）。为了更好地评价标准化河长坡降指标（SLK）异常与岩性和构造因素的关系，分别编制了仅保留断层和构造裂隙的构造密度图，并分别与河流标准化河长坡降指标（SLK）异常图叠加，如图 4-25 所示。根据 Seeber 和 Gornitz（1983），标准化河长坡降指标（SLK）异常值反映的河道坡度陡度分为三类：平缓（0～2.0）、陡峭（2.0～10.0）和极端陡坡（10.0）。

表 4-5　流域 HI 值及其相关因素统计

名称	流域高程差/m	流域面积/km^2	河长/km	HI 值
泸溪河（白塔河）流域	1001	665.45	75.87	0.0844
R1 河流域	716	259.40	29.31	0.0558
R2 河流域	790	186.06	31.1	0.06
罗塘河流域	1268	534.97	49.99	0.1349
R3 河流域	616	229.33	25.85	0.1211
R4 河流域	594	131.63	26.06	0.1122
湖坊河流域	1245	377.90	48.27	0.2617

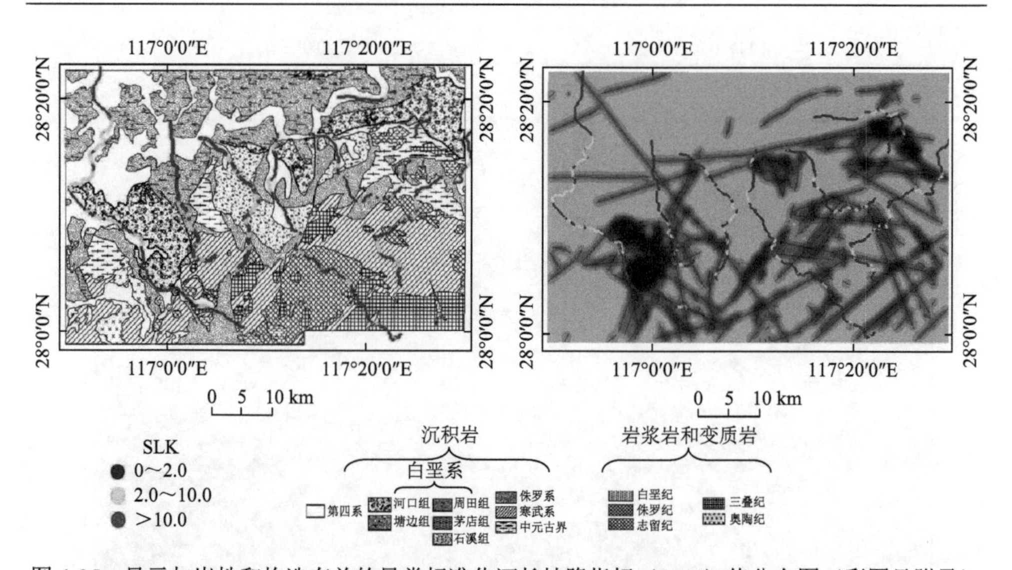

图 4-25　显示与岩性和构造有关的异常标准化河长坡降指标（SLK）值分布图（彩图见附录）

（a）7 条河流标准化河长坡降指标（SLK）异常覆盖的岩性图，显示了标准化河长坡降指标（SLK）异常分布与岩性边界的关系。（b）叠加在断层和构造裂缝密度图上的河流标准化河长坡降指标（SLK）异常，推断标准化河长坡降指标（SLK）异常分布与构造有关

由计算结果可以看到，龙虎山区域内的几大支流流域面积-高程积分曲线呈现明显的下凹状，HI 值均小于 0.4，地貌发育到了 Davis 理论的老年期。为了更为清楚地反映局部构造活动对 HI 值的影响，在我们的工作中还提取了龙虎山区域内各子流域的 HI 值。具体的方法为：利用空间分析（spatial analyst）下的 Zonal Statistics 方法获取了每个子流域内的高程差值、最大值、最小值，然后利用近似公式，通过属性计算（field calculator）获得龙虎山区域各子流域 HI 值的分布图。

4.4.7　子流域面积-高程积分值分布的控制因素分析

利用流域的面积-高程积分值，可以表示流域地貌面受侵蚀的程度，并以此判断流域的发育阶段。但流域地貌发育并非全按 Davis 地貌旋回理论进行，在流域地貌发育过程中，构造、岩性、气候等因子的突变，导致地貌过程的突变和形态的转折。此外，流域的面积-高程积分值还具有面积依赖、空间依赖等特性。所以在探讨高程-面积积分值所反映的地貌学意义时，要综合考虑各种因素对 HI 值的影响。由于研究内的流域之间相距不远，气候因素引起的差异基本可以忽略。对比前人已有的研究，在我们的工作中选取了流域面积、流域高程差、岩性构造三个因素来分析 HI 的大小的分布。

为了探讨子流域的高程差、流域面积对 HI 的影响，通过拟合得到两种指标同 HI 的关系图（图 4-26，图 4-27）。可以看出，HI 值同流域的高程差、子流域面积两者之间相关性均较差。由此，判断流域的高程差、面积并不是引起龙虎山区域内子流域HI值差异性分布的控制因素。另外，对照龙虎山区域地质图，可以发现在岩性相同的流域内同样出现HI值的高低分布，HI值并未按岩层抗侵蚀能力大小的规律分布。因此，在我们的工作中认为龙虎山地区受构造活动作的影响，是HI值分布的主导因素。

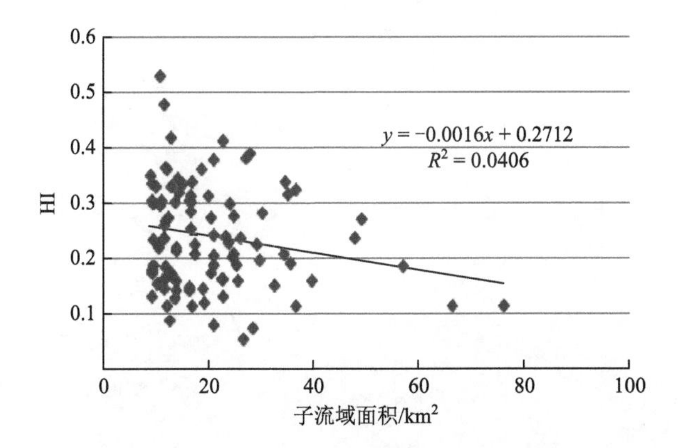

图4-26　HI值与子流域面积相关性分析

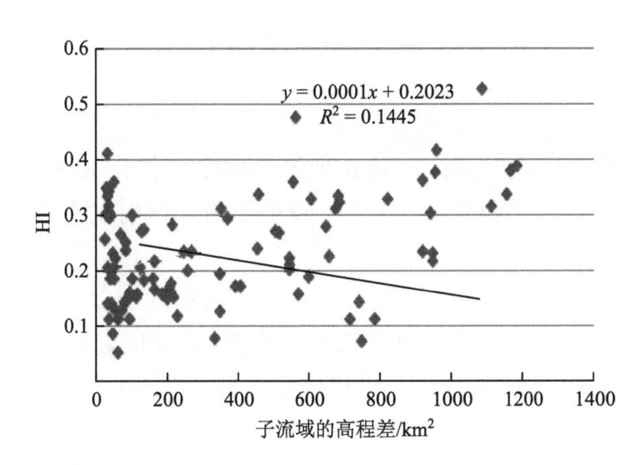

图4-27　HI值与子流域的高程差相关性分析

从龙虎山区域子流域HI值分布图（图4-28）中，我们可以发现高HI值还是多分布在龙虎山区域的东南角，其他区域零星分布着一些小面积的高HI值。在断层集中分布的流域，其附近的HI值出现了高低不同的现象。下面就此列类现象做一些简单分析：

（1）龙虎山区域东南角构造活动较强，抬升作用明显，HI值整体偏高，局部子流域HI值大于0.4，处于地貌发育的壮年期（图4-28中的A区域）。

（2）龙虎山区域内部，有边界断层通过的流域 HI 值基本上都出现了不同程度的偏高现象，但是断层各段活动性不同，导致局部 HI 值的差异性分布（图 4-28 中的 B 区域）。

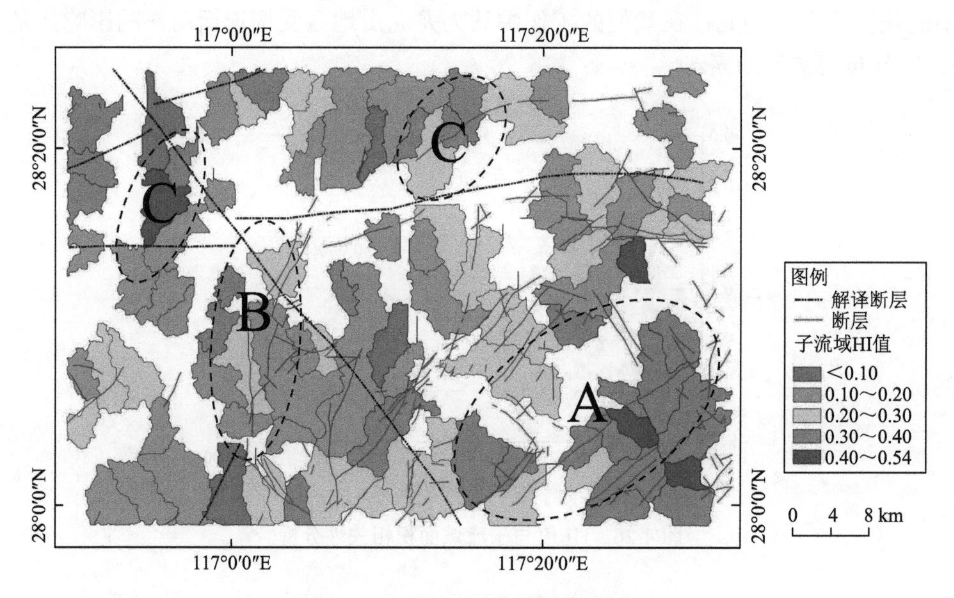

图 4-28　HI 值分布图（彩图见附录）

虚线图形为分析对比区域

（3）在平原区（平均高程小于 50m 且相对高程差小于 50m）的流域中，由于流域高程差较小，加上河流的堆积作用，较小的抬升作用就会导致 HI 值的突变，见图 4-28 中的 C 区域。

综合两者的数据分析产生的原因：区域地层在第四纪以来经历过抬升作用，受此影响，在断层附近的流域出现了相对的高 HI 值。但是由于龙虎山区域所处的气候环境，强烈的侵蚀作用抵消了相对微弱的抬升作用，导致 HI 值总体偏低，地貌发育到了老年期。

4.4.8　小结

（1）地貌因子的分布与断裂构造有较大的联系，在一些断层经过的区域出现了坡度、起伏度的异常。

（2）由提取的水系可以发现，龙虎山区域的水系分布受断裂分布影响明显，部分河流的流向与断裂走向一致，在断裂构造密集处，水系密度也有相应增加。此外，根据水系的密度、分支比、分维系数可以得出龙虎山区域内的水系发育还未至壮年（但是相对来说 R1、R4 河发育较为趋近壮年）。这都反映了龙虎山区域在第四纪以来构造活动比较剧烈，水系发育滞缓。

（3）由河流明显的阶梯状的纵剖面可以推断龙虎山区域在第四纪以来经历过几次比较大的抬升运动，而且区域内部抬升有差异。尽管有抬升作用，但是强烈的侵蚀作用仍然主导了龙虎山区域的地貌水系发育，河流纵剖面拟合函数反映了二者的共同作用使龙虎山区域内水系的发育处于壮年期。由于 R1、R4 河相比于其他 5 条河流更接近盆地中心，受构造活动影响较小，河流发育较为壮年，这与水系密度、分支比的分析结果一致。

（4）局部上凸的 Hack 剖面可以推测龙虎山区域内以边界断层为界，河流的上游（龙虎山区域东南）目前任处于抬升状态。上凸的 Hack 剖面，局部有凹凸变化，说明研究在近期内经历过比较大的构造运动，由于时间较新，河流还来不及做调整。标准化河长坡降指标（SLK）值的异常也反映了新构造运动对河流剖面的影响。

排除气候、岩性、流域面积、流域高程差等因素的影响，HI 值的分布可能反映了构造活动的强弱，有断层通过的子流域 HI 值一般较高。另外，尽管龙虎山区域经历过抬升运动，但是强烈的侵蚀作用仍然主导了龙虎山区域的地貌发育，整体的地貌发育到了 HI 值较小的老年阶段（HI＜0.4）。

总体来说，第四纪以来强烈的构造运动，加之强烈的侵蚀作用为龙虎山区域内丹霞地貌的发育创造了良好的区域环境。龙虎山地区发育着典型的丹霞地貌，作为一种特殊的地貌类型，它的形成与发育一直受大家的关注，在我们的工作中从与地貌息息相关的构造、水系入手，采用多种指标来分析龙虎山地区丹霞地貌发育的地质环境以及其与构造的关系。下面就在我们的工作中的成果做一些总结：

水系是地貌发育的产物，因此，水系特征能直接反映地貌的发育情况。通过对龙虎山区域水系的提取、计算，发现区内 7 条支流的分支比、河网密度有所差异，R1、R4 河的分支比及河网密度相对于其他 5 条较大，由此可以判断这两条河流发育较为壮年。而对几条河流进行分形计算后，得出它们的分维系数均小于 1.6，也就是处于河流发育的早期。另外，7 条支流的主河道纵剖面有 5 条以指数函数为最佳拟合函数，其余两条（R1 和 R4）为对数函数，表明河流发育仍处于 Davis 提出的壮年早期及壮年阶段。这可能是龙虎山区域内河流近期频繁受构造活动的影响而发育滞缓的结果。Hack 剖面是用半对数的方程式来描述河流纵剖面形态，它常用于分析河流地貌对构造运动的响应。标准化河长坡降指标（SLK）则是用来表示河流纵剖面局部坡度变化的参数。龙虎山区域内的 7 条河流（主河道）的 Hack 剖面均呈现上凸特征，这是 Hack 剖面对构造隆升响应的结果，是龙虎山地区构造抬升运动的直接证据。另外，在我们的工作中还发现在龙虎山区域几条河流的下游出现了不同程度的下凹现象，根据前人的研究表明，这是构造活动产生的边界断层对河道的影响，导致了上下游不同的 Hack 剖面特征（上凸下凹）。但是由于边界断层处于 7 条河流的不同地区，此类现象表现得并不相同，R1、R4 河较为明显。而对标准化河长坡降指标（SLK）值的分析发现，断层控制着较多的陡河段（2＜SLK＜10）与极陡河段（SLK＞10）。这些都反映了龙虎山区域在第四纪以来经历过构造抬升运动，且龙虎山区域的东南角（边界断层的东南）抬升运动较强。

面积-高程积分曲线反映了流域水平断面面积与其高程间的关系。HI 值的物理意义是流域实际地形和未经侵蚀的完整地形体积之比。它的大小直接反映了流域内岩层抗侵蚀能力的大小及构造活动的强弱。

本章提出了一种基于数字高程模型和地理信息系统的丹霞地貌演化形态分析方法，主要目的是利用标准化河流长度坡降指数、梯度积分曲线和河流纵剖面的无量纲地貌形态指数，对龙虎山丹霞地貌发育的侵蚀阶段和构造、岩性控制进行评价。导出的标准化河长坡降指标（SLK）指数图突出了沿河较陡的河段（或裂点 knickpoints），并与岩性接触和构造结构进行了比较。研究发现，标准化河长坡降指标（SLK）异常值的发生与构造结构、岩性接触密切相关，是引起地形变化的主要原因。

此外，对丹霞地貌区 26 个子流域的地形高程分析显示，HI 值较低（＜0.42，平均值＝0.21），面积-高程积分曲线呈明显的上凹状，这与老阶段、高侵蚀景观特征有关。研究结果表明，龙虎山地区丹霞地貌处于古景观演化阶段，以河道化/河流化/冲积作用为主。

本次研究为丹霞地貌的构造和岩性控制提供了定量的支持。首次对丹霞地貌演变的侵蚀阶段进行了定量研究（面积-高程）分析。假设丹霞地貌发展经历青年期、壮年期、老年期的相继阶段，本章将龙虎山量化为老年阶段丹霞地貌类型，与彭华（2009）提出的发展阶段估计值一致。本章所采用的参数是无量纲的，因而可以应用于发育在不同大小流域的丹霞地貌之间的参数对比，对于今后研究其他地区丹霞地貌，并进行对应比较，提供了一个参照指标。

在对龙虎山区域内提取的 7 条支流流域盆地及其 HI 值分析发现，龙虎山区域内的 7 条支流流域的 HI 值均小于 0.4，也就是说地貌侵蚀程度大，地貌侵蚀阶段发育到了晚期。通过子流域的对比分析，发现龙虎山区域的东南角 HI 值偏高，且有断层通过的区域常伴随着高 HI 值的分布。在排除了气候、岩性等因素对 HI 值的影响后，我们推断龙虎山区域 HI 值的分布与区域的构造运动有关。

构造活动是地貌发育的三大影响因素之一，丹霞地貌的形成与发育也离不开构造的作用。基于遥感技术和数字高程模型数据对龙虎山区域内的线性构造进行了提取，结合野外的调查数据来分析龙虎山地区丹霞地貌与构造的关系。通过数据的对比分析得出龙虎山区域基底的线性构造分布可用一个拉张-收缩运动模型来解释。受晚中生代和新生代板块拉张运动的影响，一个共轭剪切对主导了区内基底线性构造的发育。由于三个园区所处构造的差异，园区内构造运动形式不同，地貌形态也就相差甚远。通过野外实测数据和数字高程模型提取数据并对比分析可知，区域不同走向的几条大断裂控制了三个园区内丹霞线性构造的分布。三个园区内的丹霞地貌景观可用不同的运动模型来解释：龙虎山园区以垂直挤压和水平运动为主，各类断层均有发育，形成高陡的丹霞崖壁和塔状的山峰；象山园区以水平构造运动为主，多见水平走滑断层，形成陡峭（高度较龙虎山小）的丹霞崖壁；龟峰园区受垂直和水平两种运动共同作用，挤压错断形成的正逆断层较为常见，形成陡崖、峰丛、峰林等地貌景观。

综上所述，水系、流域的特征分析结果表明龙虎山地区在第四纪以来经历过强烈的构造抬升运动；另外，湿润的气候造就了强烈的侵蚀作用，为丹霞地貌的发育创造了良好的外动力条件。遥感解译和野外调查的数据揭示了区域丹霞地貌的发育与构造的密切关系。

第5章　丹霞地貌的定量研究方法总结及相关国际比较

5.1　丹霞地貌定量研究方法总结及其现实意义

本书的创新之处在于对丹霞地貌的定量研究。丹霞地貌是一种流水侵蚀地貌，但是构造奠定了丹霞地貌发育的空间形态，从大尺度的峡谷走向、峰林、峰丛形态，到小尺度的微地貌景观，丹霞地貌的发育过程无一不受到构造裂隙的控制，丹霞地貌发育是时间、空间和物质上的统一，是内力与外力共同作用的结果，构造控制和河流侵蚀对丹霞地貌的形成起着至关重要的作用。既往研究对这种作用的阐释不足。为弥补前言中所述的丹霞地貌既有研究中的不足，作者团队通过基于 GIS 的遥感影像解译方法，开展定量的地貌形态学研究：结合区域构造背景研究丹霞地貌发育机理，并进行了包括断裂和层理方向（走向和倾角）、露头运动学指标和观测在内的地质调查，为遥感和数字高程模型（DEM）数据分析提供野外验证，以探讨丹霞地貌形成的控制因素。

基于这样的研究成果，本书详细介绍和分析了中国东南部龙虎山地区的丹霞地貌发育特征，根据野外记录丹霞地貌地区的构造特征，提出了龙虎山地区控制丹霞地貌发育的构造运动学模型，用定量的方法解释了丹霞地貌与构造的关系，也显示了构造与丹霞地貌发育演化的成因联系：丹霞地貌是陆相碎屑岩在构造裂隙切割、块体运动和流水侵蚀的共同作用下形成的侵蚀地貌，由于陡崖的形成与垂直裂隙和区域走滑断层直接相关，又可以看作是一类构造地貌。因此对丹霞地貌所在的红层盆地的大地构造背景研究，可以全面反映这种特殊地貌演化的构造控制。此外，书中还介绍了利用无量纲地貌形态指数，包括面积-高程积分、等高线和河流长度梯度指数，来评估流域尺度中丹霞地貌的侵蚀状况：①面积-高程分析定义了流域形态的水平横截面积相对于高程的分布。②根据盆地划分程度和相对地貌年龄，对丹霞地貌区的浅地层积分和曲线进行了解释。浅地层分析结果表明，龙虎山丹霞地貌处于老年期地貌演化阶段，反映了龙虎山地区主要的河道化/河流化/冲积地表过程。对于比较不同尺度红层盆地中的丹霞地貌发育阶段，可以通过面积-高程积分比来量化其流域盆地内侵蚀地貌的发育阶段，摆脱之前的估算评价，对于开展不同丹霞地貌区的对比研究工作有积极意义。③通过标准化河长坡降指标（SLK）异常值、岩性接触面和断层的对比，揭示了丹霞地貌与河道基岩的构造和岩性控制。总体来说，本书介绍的工作为丹霞地貌（与基岩河道相关的地表地形）的构造和岩性控制提供了定量支持。此外，书中介绍到的利用面积-高程分析分析定量研究丹霞地貌侵蚀阶段研究，是结合国内外对侵蚀地貌研究的一般方法而应用在丹霞地貌的开创性研究。为更具体地呈现这种研究方法，作者团队选取丹霞地貌早年晚期侵蚀发育阶段的原型地——江西龙虎山，对丹霞地貌形成的控制因素进行了研究。鉴于我国丹霞地貌分布广泛，但在其他丹霞地貌区尚缺乏类似的研究可供进一步比较。此外，由于野外试验的可及性限制，龙虎山地区可能会因缺少一些地质意义重大的露头而产生偏差。近年来，许多有关形态特征的信息被应用。但在丹霞地貌研究中，还缺乏形态计量学的应用。流域尺度上的地貌形态指数在侵蚀地貌研究中具有重要作用，因为所有水文和地貌表面过程都发生在流域内（Singh，1990）。我们认为，应用上述技术对丹霞其他地貌遗迹进行系统研究是必要的。丹霞地貌与其他类似地貌的区别，仍然要结合其他研究进一步探讨，因为红层与砂岩地貌在很大程度上，与形成丹霞地貌岩层的岩性、侵蚀过程都有很大的相似性，这一步工作，还需要在此研究基础上进一步探讨，但本书的研究无疑是一个基础。

本书的研究成果，不仅具有学术意义，也对中央正在构建的以国家公园为主体的自然保护地体系有所裨益：在我国现有的国家公园体制试点区中，分布有多处丹霞资源。在正在争取创建国家公园试点区的自然保护地中，这样的资源更多。像已经列入国家公园试点的三江源国家公园澜沧江源园区的昂塞、福建武夷山，都是典型的丹霞地貌，作为丹霞地貌名称来源的广东丹霞山也已经启动了国家公园创建工作。这种“色如渥丹，灿若明霞”的丹霞地貌，无论在景观上、名称来历上，还是在科研上，都具有本书前言所述的国家代表性。其科学和美学价值，也会随着本书这样研究的深入，更好地服务于中国自然保护地和国家公园建设——这就是本书虽然是自然科学科研成果但其实也是国家公园丛书的原因。

而且，有这样的研究成果，中国丹霞地貌就具备了更容易被国际同行认可的基础，可以更好地进行国际比较研究。迄今为止，目前对丹霞地貌的分布，经常和红层地貌等同起来，如黄进（1999）、彭华和吴志才（2003）研究探讨了丹霞地貌的分布，认为丹霞地貌广泛分布于中国西南部、西北部和东南部，分布于除南极洲以外的所有其他大陆。然后，这种“逢红便称丹霞”的范围划分，一直在国内及国际丹霞研讨会上有着不同的意见，因此，丹霞地貌与红层地貌的对比研究是必要的，作者曾在2012～2014年在美国西部亚利桑那州、犹他州的西部红层地貌区进行过考察与研究。下面通过介绍以美国宰恩（Zion）国家公园为代表的美国西部红层地貌与中国东南部丹霞地貌的对比，以说明丹霞地貌与其他相似地貌类型之间的对比联系，使读者在前述定量研究的基础上，可以更准确地理解中国丹霞地貌的科学特征。

5.2　美国西部红层地貌及与中国东南部丹霞地貌的对比

美国西部的科罗拉多高原是世界上中生代红层的主要分布区，发育形成了很多著名的地貌景观，它们与中国的丹霞地貌具有诸多的相似性和差异性，有很高的对比研究价值。为增进读者对美国西部红层及其地貌发育的了解，基于对美国西部红层的两次系统考察和对采集岩样的理化性质分析，系统梳理美国西部红层的分布、形成年代、地质构造、岩性特征、地貌发育特征等。在此基础上，和以丹霞山、龙虎山等为代表的中国东南部丹霞地貌进行对比，总结两地在红层、丹霞地貌发育机制上的共性和差异。

5.2.1　美国西部红层的分布和形成年代

美国西部的红层广布于科罗拉多高原及其边缘的山前/山间断陷或拗陷盆地。这些红层的形成年代跨越了宾夕法尼亚纪（晚石炭世）到古近纪，但以三叠纪和侏罗纪为主（图 5-1）。其中，宾夕法尼亚纪的红层主要分布在科罗拉多高原东部

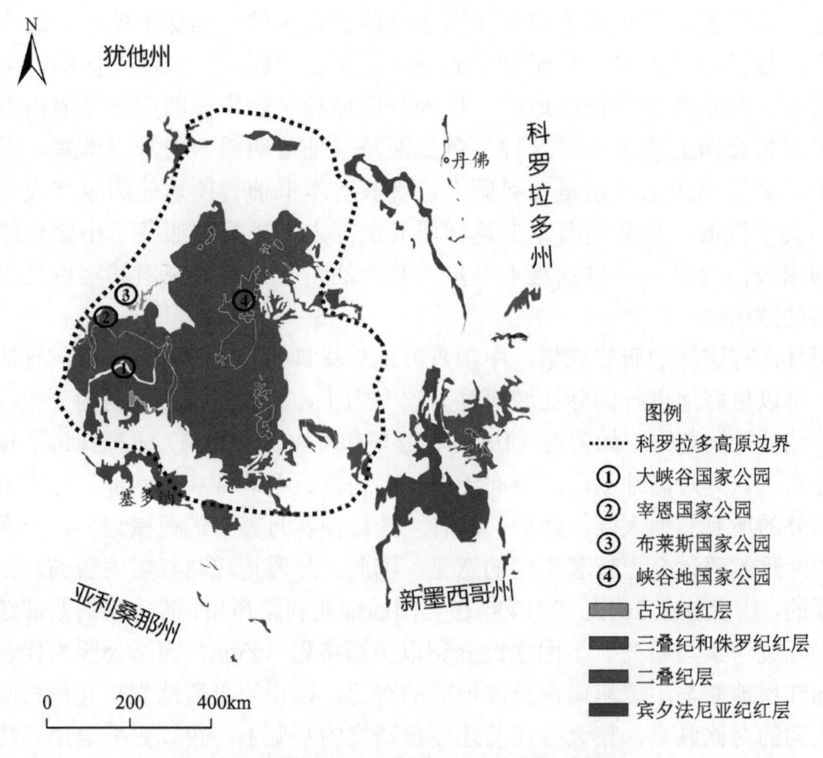

图 5-1　美国西部红层分布简图（彩图见附录）

落基山脉南段的山间盆地和落基山脉东部的山麓地区，总体呈近南北向分布，如科罗拉多州首府——丹佛附近的红石公园（Red Rocks Park）出露的Fountain组（Sweet and Soreghan，2010）；二叠纪红层主要在犹他州东南部、大峡谷（Grand Canyon）国家公园以及科罗拉多高原与盆地和山脉区（Basin and Range）的过渡处，如犹他州峡谷地（Canyonlands）国家公园出露的Cutler群（Jordan and Mountney，2010），亚利桑那州大峡谷国家公园出露的Hermit组（Duffield，1985），塞多纳（Sedona）出露的Schnebly Hill组（Blakey and Middleton，1983）等；三叠纪和侏罗纪红层分布最广，在犹他州东南部、亚利桑那州东北部和科罗拉多州西南部都有大面积出露，如Moenkopi组（Walker et al.，1981）、Chinle组（Blakey and Gubitosa，1984）、Wingate组（Clemmense et al.，1989），以及纳瓦霍（Navajo）组（Fossen et al.，2011）等，它们是红层地貌发育的主要成景地层；古近纪红层分布面积很小，只在犹他州西南部有少量出露，如犹他州布莱斯峡谷（Bryce Canyon）国家公园出露的Claron组（Bown et al.，1997）。

在科罗拉多高原西南部，红层和其他岩层组合在一起，在地壳抬升过程中由于科罗拉多河的切割侵蚀作用下，形成了一个向北水平抬升的阶梯状地形，即著名的“大阶梯”（Grand Staircase）。该“大阶梯”底部始于亚利桑那州大峡谷国家公园的北部边缘，往北经犹他州南部的宰恩国家公园至布莱斯峡谷国家公园，总体向北水平延伸幅度达240km，海拔跨度超过2000m（图5-1）。

沿该“大阶梯”出露的地层沉积年代连续，大峡谷国家公园的地层最老，宰恩国家公园居中，布莱斯国家公园的地层最年轻。其中，大峡谷国家公园顶部的地层是宰恩国家公园的底部地层，宰恩国家公园的顶部地层则为布莱斯国家公园的底部地层（图5-2）。

5.2.2　美国西部红层形成的地质背景

地质构造背景方面，中生代以前，科罗拉多高原地区处于泛大陆西部边缘的大陆架浅海或滨海平原环境。三叠纪末，由于泛大陆分裂解体，北美大陆开始向西北漂移。与此同时，太平洋板块向北美大陆板块的西部俯冲碰撞，在西部海岸火山链和古落基山脉之间形成大型的弧后盆地——西部内陆盆地（Western Interior Basin）（Beaumont et al.，1993），并开始接受大陆沉积。早侏罗世末—中侏罗世早期，北美大陆漂移至副热带地区，太平洋板块向北美板块进一步俯冲，形成内华达造山运动（Nevadan Orogeny）（Schweickert et al.，1984），使整个西部内陆盆地区处于副热带雨影区，形成广袤的沙漠环境和巨厚的风沙沉积（Blakey et al.，1988）。中侏罗世末期—白垩纪期间，受太平洋板块俯冲加速的影响，北美大陆西部山脉随着塞维尔造山运动（Sevier Orogeny）隆起，近南北向延伸的西部内陆盆地进一步沉陷扩大，海水从北极和墨西哥湾相继侵入盆地，并最终贯通形成了西部内陆海道（Western Interior Seaway）（图 5-3）（Wright，1987；Rice and Shurr，1983）。大陆沉积过程结束，整个科罗拉多高原地区又恢复到了中生代以前的滨/浅海沉积环境。到晚白垩世，太平洋板块向北美板块的俯冲碰撞引起北美大陆西部的深部岩浆上涌和地壳隆升，形成拉拉米造山运动（Laramide Orogeny），使西部内陆海道关闭，落基山脉开始隆起，西部内陆盆地被整体抬升，形成科罗拉多高原（English and Johnston，2004），在流水侵蚀的作用下，逐渐形成如今的各种红层地貌景观。

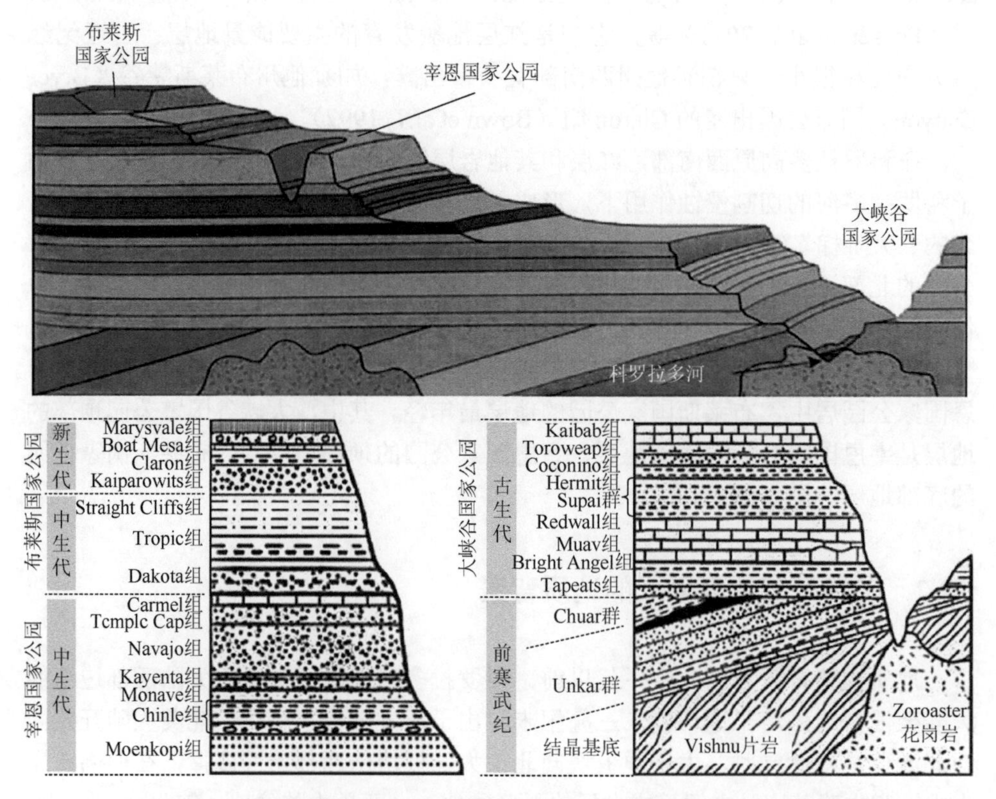

图 5-2　美国科罗拉多高原西南部“大阶梯”构造简图和地层柱状图

根据 Morris 等（2010）改编

从沉积环境来看，美国西部红层以陆相沉积为主，兼具少数滨-浅海相和海陆过渡相沉积。陆相沉积方面，科罗拉多高原以东的宾夕法尼亚纪红层多为古落基山脉地区的冲-洪积扇相沉积，而科罗拉多高原面上的红层多为河流相、湖泊相和风成相。特别是风成相沉积，其典型特征是具有大规模的板状交错层理，一般形成于海岸沙丘环境或广袤的内陆沙漠环境，前者如二叠纪 Culter 群的 Cedar Mesa 组和 White Rim 组（Young et al.，2009）；后者如早-中侏罗世的 Wingate 组（Clemmense et al.，1989）和纳瓦霍（Navajo）组（Fossen et al.，2011）；海相沉积方面，主要是出露于大峡谷地区石炭纪 Supai 群（English and Johnston，2004）和早二叠世的 Hermit 组（Fossen et al.，2011），以及犹他州南部的 Moenkopi 组（Morris et al.，2010），它们的共同特点是岩石表面具有波痕和泥裂构造，表明其沉积于潮滩或滨海平原环境。

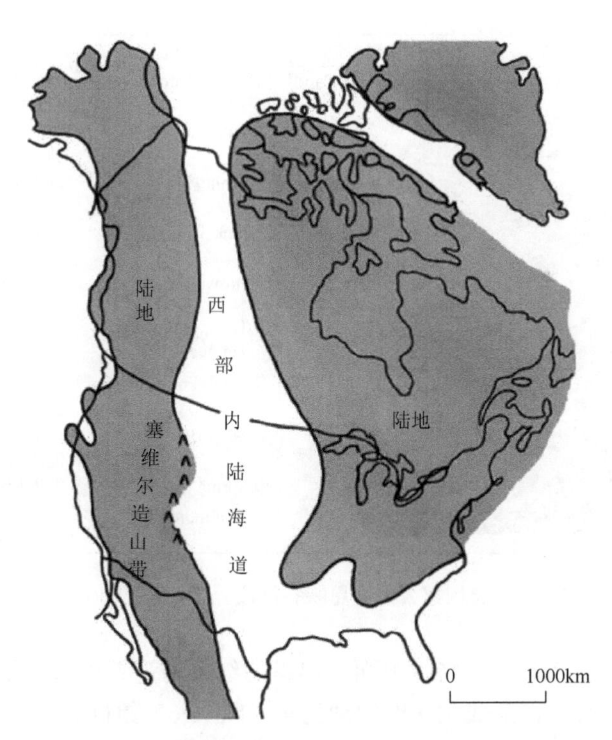

图 5-3　白垩纪期间北美大陆形成的西部内陆海道

据 Rice 和 Shurr（1983）

5.2.3　美国西部红层的岩性特征

岩性方面，目前美国西部保存和出露的红层总体以细砂岩、粉砂岩和泥岩为主，砾岩等粗碎屑岩很少（只在盆地边缘偶有出露，或只是作为夹层的短期堆积）。而且由于沉积环境的变化，很多红层并不是单独出露，往往和其他岩层组合在一起，红层的上覆、下伏或夹层经常有石灰岩、火山岩和灰绿色泥岩。

作者在考察过程中，以犹他州西南部的宰恩国家公园作为美国西部红层的案例地，沿高原面—崖壁—侵蚀峡谷底部这一垂直地层剖面采集了该区域出露的4个红层岩性组共10个岩性段（图5-4）的手标本岩样进行理化性质分析。这些红层岩样既有河流相、湖泊相，还有风成相，涵盖了科罗拉多高原主要的红层沉积类型（特别是形成于早-中侏罗世的纳瓦霍（Navajo）组砂岩，它是地球上现存最大规模的风沙沉积，广泛分布于犹他州南部和亚利桑那州北部地区，出露的平均厚度有600m左右（Biek et al.，2000），也是形成该区域红色大崖壁的主要成景地层，可以较好地说明美国西部红层的主要特性。

地层剖面	岩性组	岩性段	岩性特征
	Temple Cap组	①White Throne段	具交错层理的风成相，白色/淡黄色砂岩
		②Sina wava段	河流、潮滩相的红色砂岩、粉砂岩和泥岩
	Navajo组	③White段	具交错层理的风成相，白色/淡黄色砂岩
		④Pink段	具交错层理的风成相，粉红色砂岩
		⑤Brown段	具交错层理的风成相，褐红色砂岩
	Kayenta组	⑥Tenney Canyon Tongue段	河/湖相的红色砂岩和泥质粉砂岩
		⑦Lamb Point Tongue段	具交错层理的风成相，白色/淡黄色砂岩
		⑧Main Body段	河/湖相的红色砂岩和泥质粉砂岩
		⑨Spring dale段	河流相红色砂岩
	Moenave组	⑩Whitmore Point段	河/湖相的红色砂岩和泥质粉砂岩

图5-4 宰恩国家公园宰恩峡谷南段入口附近的地层剖面

在岩石颗粒组成和胶结特性方面，出露的红层均为细砂岩、粉砂岩，部分含泥质岩类夹层。其中，形成主崖壁的纳瓦霍（Navajo）组砂岩为早-中侏罗世风沙沉积，具大型板状交错层理。因颜色差异，纳瓦霍（Navajo）组砂岩自上而下又可分为White段、Pink段、Brown段（图5-4），它们由纯度很高的中-细粒石英砂岩组成（根据岩样元素氧化物测定结果，其SiO_2含量均在90%以上），颗粒均一、分选性和磨圆度都较好。但在偏光显微镜下的岩样薄片鉴定中却发现，不同岩性段在胶结方式和颗粒接触方式上存在差异。其中，崖壁上部的White段外观呈白色或淡黄色，粒间孔隙很多（孔隙率高达30%～40%），颗粒之间多呈点状接触，胶结物很少，为弱胶结型，颗粒非常容易剥落；而崖壁中下部的Pink段和Brown段外观呈褐红色，其粒间接触更紧密，且颗粒周围普遍有铁质胶结物包裹（图5-5）。

图 5-5　大规模风沙沉积形成的纳瓦霍（Navajo）砂岩及交错层理

关于纳瓦霍（Navajo）组砂岩崖壁上下颜色差异的成因，有学者认为纳瓦霍（Navajo）组沉积于干燥富氧的沙漠环境，在被后期岩层覆盖埋藏以前，整个纳瓦霍（Navajo）组应当都为红色（Surdam et al.，1993）。但在后期地壳抬升过程中，地下埋藏的密度较小的碳氢化合物随断层和节理裂隙上升并释放出来，与纳瓦霍（Navajo）组砂岩中的 Fe^{3+}发生还原反应，将其漂白。因而，纳瓦霍（Navajo）组砂岩崖壁从下往上，碳氢化合物含量越高，还原反应越充分，颜色也越白（Beitler et al.，2003）。

至于其他河流相和湖泊相沉积的岩性组/段，除 Kayenta 组 Springdale 段为细粒均一的粉砂岩形成低矮的崖壁外，其余都由细砂-粉砂岩和泥质岩类夹层组成。这些细砂-粉砂岩在碎屑物质、颗粒分选性、磨圆度、胶结方式和颗粒接触方式较接近，都以铁质胶结为主。此外，在野外使用 N 型施密特回弹应力仪（Schmidt Hammer，Type N）对该区域红层岩石强度进行现场测试，结果显示岩石的分选性和胶结特性对其强度与地貌形态发育的影响至关重要。主崖壁上部的纳瓦霍（Navajo）组砂岩 White 段为弱胶结型，岩石结构松散，岩石强度最小，但其岩性均一，且有上覆盖层保护，即使岩石强度较低，仍能形成崖壁；而崖壁中下部的纳瓦霍（Navajo）组 Pink 段和 Brown 段岩石胶结紧密，岩石强度要大得多（图 5-6）。相比之下，崖壁下方的其他岩层岩性不均一，含有很多软弱的泥岩夹层，岩石强度要小很多，总体抗风化侵蚀能力弱，只能发育成缓坡。

5.2.4　美国西部红层地貌特征

总体而言，美国西部红层发育的地貌类型相对单一，整体上以高原-峡谷景观为主，多连续的方山和台地，岩层产状水平。但在部分构造复杂的高原边缘地区或山前/山间盆地，地貌形态相对多样。如犹他州国会礁（Capitol Reef）国家公园受北西-南东向 Waterpocket 褶皱的影响，公园内红层整体向东倾斜（图 5-7a）；位于落基山脉东麓的科罗拉多州首府——丹佛红石公园 Fountain 组红层受落基山脉隆起的影响被掀斜抬升形成单面山，倾角约为 30°（图 5-7b）。在有些红层盆地内部，受两组互相垂直的节理控制，在流水的切割侵蚀作用下还发育形成针状或柱状的峰丛-峰林景观，如犹他州的布莱斯国家公园（图 5-7c）和峡谷地国家公园的 The Needles 区域（图 5-7d）。

图 5-6　正交偏光 20 倍镜下纳瓦霍（Navajo）组砂岩 White 段（a）、Pink 段（b）、Brown 段（c）岩样的碎屑结构和胶结特性

从崖壁形态来看，形成美国西部红层崖壁的地层主要为巨厚的风成相砂岩，如 Navajo 组和 Wingate 组，它们形成的红色崖壁高耸陡直、体量巨大，往往延绵十几公里至几十公里。而且由于岩性均一，几乎不含泥岩夹层，这些红层崖壁很少有水平岩槽发育，同时也很少有竖向沟槽分布。有些地区的红层剖面上有多个岩层组交替出现，由于地壳间歇性抬升和不同岩性红层抗风化侵蚀能力的差异，其形成的谷壁并不是陡直均一，而是呈多级层状坡面，如亚利桑那州的大峡谷国家公园（图 5-7e）。从崖壁颜色上看，美国西部红层分布区气候干旱，崖壁表面上较少有生物附着，整体上呈鲜明的红色外观，但部分由风成相纳瓦霍（Navajo）组砂岩形成的崖壁经过后期的地质化学“漂白”作用，上下崖壁颜色呈现一定差异，上部为白色，中部为粉红色，下部为红褐色。而这种崖壁颜色变异也成为该区域红层地貌的一大特色。

从沟谷发育来看，美国西部红层分布区以强烈的流水下切侵蚀为主。由于降水少，河网密度小，侵蚀不易展开，科罗拉多高原面上很多地区的河谷侵蚀尚未达到区域侵蚀基准面，红层地貌发育总体处于青年晚期或壮年早期，多峡谷和巷谷。例如，犹他州宰恩国家公园的宰恩峡谷（图 5-7f），它由科罗拉多河的支流——维京河（Virgin River）的北部支流切割侵蚀而成。宰恩峡谷全长 24km，最大谷深达 916m，河道坡降为 9.5～15.2m/km，是整个北美地区坡降最大的河流之一。在宰恩峡谷两侧，还发育有众多深窄的巷谷，它们是夏季暴雨洪流沿节理裂隙切割侵蚀而成。流水在下切过程中，挟泥沙沿纳瓦霍（Navajo）组砂岩的交错层理进行冲刷磨蚀，形成波状起伏的谷壁，亚利桑那州北部的羚羊峡谷的成因也是如此（图 5-7g）。此外，在峡谷源头地区，强烈的溯源侵蚀使谷地边缘的高原台地不断后退，多形成宽广的、港湾状的弧形崖壁（amphitheatre），如犹他州的

图 5-7　美国西部红层地貌主要考察点典型地貌

a. 国会礁国家公园 Waterpocket 褶皱；b. 丹佛红石公园的红层单面山；c. 布莱斯国家公园的针状峰丛-峰林；d. 峡谷地国家公园 The Needles 区的岩柱群；e. 大峡谷国家公园的多级侵蚀面；f. 宰恩峡谷俯瞰；g. 羚羊峡谷由纳瓦霍（Navajo）组砂岩被流水侵蚀切割形成；h. 塞多纳的红层方山和孤峰；i. 纪念碑谷地的孤峰；j. 地下水基部侵蚀形成的额状洞穴；k. 阿切斯国家公园的标志——精致拱；l. 宰恩国家公园 Grotto 山密集的垂直节理和尖锐的崖壁边缘棱角

布莱斯国家公园，而在科罗拉多高原南部边缘的塞多纳（Sedona）（图 5-7h）和纪念碑谷地（Monument Valley）等地区（图 5-7i），红层地貌处于发育演化进程的老年期，以宽谷、方山、孤峰景观为主。

除流水侵蚀外，风化对美国西部红层地貌发育的影响也很明显。如在砂岩崖壁底部不同岩层接触面，由于上下岩层的透水性存在差异，地下水沿砂岩崖壁孔隙或节理裂隙下渗，遇到崖壁底部下伏不透水的泥岩/页岩层，水与泥岩/页岩层中的铁质、钙质胶结物，以及黏土矿物等进行一系列微观风化过程，层间裂隙不断扩大，使上覆崖壁因失去支撑不断崩塌，形成额状洞穴（图 5-7j）或天然拱桥，如犹他州阿切斯国家公园，该公园内有超过 2000 座砂岩拱桥，是世界上天然拱桥数量最多的地方，其标志性的精致拱（delicate arch）净高达 18m（图 5-7k）。由于该区域气温日较差和年较差较大，冻胀风化过程也较显著，它可能是该区域砂岩崖壁形成尖锐边缘棱角的重要原因。这些砂岩崖壁垂直节理密集，冬季垂直节理裂隙中的水分结冰使裂隙不断扩大，在风化作用还未来得及将原有的崖壁边缘棱角圆化之前，岩体就已崩塌，在崖壁上形成新的尖锐的边缘棱角（图 5-7l）。

5.2.5　与中国东南部丹霞地貌的对比

丹霞地貌是中国地质、地貌学家命名的一种特殊地貌类型，红层是其发育的物质基础，红色陡崖坡是其最重要的形态特征。丹霞地貌在中国东南、西南、西北和青藏高原都有分布，但以东南部湿润区分布最为集中，形态特征也最为典型。东南部是中国丹霞地貌研究的起源地，也是研究最为深入的地区。从共性方面来看，美国西部的红层地貌和中国东南部丹霞地貌都是发育在红层基础上的侵蚀地貌，整体外观都呈红色，都有显著的陡崖坡，而且都经历了盆地形成—红层堆积—构造抬升—外力塑造这一基本的地质作用过程。但两地在区域地质构造、物质基础及主导外营力方面存在差异，其具体的地貌景观特征并不完全一致。

1. 区域地质构造的对比

美国西部红层堆积的构造环境为太平洋板块向北美板块俯冲碰撞形成的大型弧后盆地——西部内陆盆地，形成于三叠纪末。此后受造山运动影响，西部内陆盆地发生多次海侵和海退，导致其沉积环境复杂多变，但以广袤的内陆沙漠环境为主。白垩纪末，随落基山脉隆起，红层盆地被整体抬升形成科罗拉多高原。与此同时，受弧后扩张作用的影响，地壳的张应力使科罗拉多高原发生破裂断陷，形成很多断块山地和密集分布的节理群，控制了区内峡谷群的发育。岩层产状方面，除高原边缘和山麓地区外，大多数出露的红层基本保持近水平的产状。

中国东南部红层堆积的构造环境总体上以内陆中小型断陷/拗陷盆地为主，如丹霞山即为华南板块南岭加里东褶皱系中段的一个断陷盆地——丹霞盆地。中生代以前，中国广大的南方地区处于海平面以下，没有红层堆积。直到侏罗纪，中国古陆才基本拼接完成。随后的燕山运动期间，太平洋板块向中国东部俯冲碰撞，形成大量北北东或北东向褶皱断裂山地和中小型山间盆地。白垩纪期间，受中国大陆东部隆起带的影响，海洋水汽难以进入，中国东南部处于干旱-半干旱气候环境，红层开始在这些山间盆地中大量堆积。红层盆地形成后随喜马拉雅运动抬升，形成很多断层、节理，它们对丹霞地貌坡面发育具有控制作用。在盆地边缘和受断层带控制的区域，多发育顶斜的丹霞地貌；而在盆地内部受断层活动影响较小的地区，则发育顶平的丹霞地貌。

2. 物质基础的对比

美国西部红层沉积年代跨度较大，从宾夕法尼亚纪（晚石炭世）到古近纪都有出露，但以三叠纪和侏罗纪为主，尤其是早-中侏罗世的纳瓦霍（Navajo）组砂岩，它是形成红色大崖壁的主要地层。沉积环境方面，这些红层以陆相（尤其是沙漠沉积相）为主，兼具少量滨-浅海相和海陆过渡相沉积。岩性方面，美国西部红层以砂岩和泥质岩类为主，砾岩等粗碎屑岩很少。其中，形成崖壁的风成相砂岩为细砂-粉砂岩，颗粒分选很好，石英含量很高，以铁质胶结为主，钙质含量较低，岩石外观总体呈红色，但各段在岩石胶结特性和铁质胶结物含量方面有所差异，导致其颜色和岩体强度也有所不同。

中国东南部丹霞地貌区的红层较年轻，大多形成于白垩纪，沉积环境几乎全部为陆相，缺少海相沉积。岩性方面，中国的红层多为内陆山间盆地的混杂堆积，岩石颗粒分选差，多砾岩、砂砾岩和中-粗砂岩，并含大量泥岩夹层。其中，形成丹霞崖壁的红层多为粗碎屑堆积，胶结致密，岩性坚硬。矿物组成上，石英为主要矿物，长石和杂基占比较高，胶结物以铁质和钙质为主，兼有硅质和泥质。此外，因物源地多为石灰岩丘陵山地，在红层沉积过程中，大量石灰岩砾石和富钙溶液进入盆地沉积，导致红层岩体中的钙质含量普遍较高。

3. 主导外营力的对比

美国西部红层分布区为干旱-半干旱气候条件，降水量少，河网密度小。如宰恩国家公园的年均降水量仅为 411mm，不足中国广东省丹霞山的四分之一，河流多年平均径流量和多年平均流量比丹霞山小几个数量级（表 5-1）。不过，虽然总降水量较少，但该区域降水以夏季暴雨洪流为主，在塑造地貌时表现为强烈的流水下切，形成众多峡谷和巷谷。而在峡谷源头和台地边缘，流水溯源侵蚀作用显著，多形成弧形崖壁、孤峰等。此外，地下水对砂岩崖壁底部不透胶结物岩层的侵蚀也较明显，使上覆崖壁崩塌形成额状洞穴。风化方面，因红层中钙质含量较低，溶蚀等化学风化作用不强烈，但冻胀风化和盐风化等物理风化过程较显著。

中国东南部丹霞地貌区气候湿润（表 5-1），水系丰富，很多地区（如广东省丹霞山、江西省龙虎山、浙江省江郎山等）主河谷已达到或接近区域侵蚀基准面，流水转为冲刷侧蚀为主，在重力作用配合下，多发育形成临溪的丹霞峰丛-峰林、岩墙、孤峰等景观。风化方面，各种物理、化学和生物风化作用均很显著。

表 5-1　美国宰恩国家公园和中国广东省丹霞山气候和水文数据对比

对比项目	多年日平均气温/℃	多年平均降水量/mm	极端最高温/最低温/℃	多年平均径流总量/m^3	多年平均流量/(m^3/h)
宰恩国家公园	16.8	411	46/–26	0.97×10^8	2.8
丹霞山	19.7	1715	40.9/–5.4	18.88×10^8	15.1

4. 地貌特征的对比

总体上，美国西部红层发育的地貌类型相对单一，以高原-峡谷景观为主，崖壁高耸巨大。但在部分构造变动强烈的高原边缘地区或山前/山间盆地，地貌形态相对多样，也有单面山、峰丛-峰林、孤峰、石柱等。从崖壁形态上看，美国西部红层发育的崖壁边缘棱角尖锐，崖壁上很少有水平岩槽和竖向沟槽发育。从颜色上看，美国西部红层崖壁上较少有生物附着，整体呈鲜明的红色外观，但由风成相纳瓦霍（Navajo）组砂岩形成的崖壁经过后期的地质化学“漂白”作用，崖壁颜色有分层变异的现象。

中国东南部丹霞地貌多为簇群式峰丛-峰林景观，山块总体离散，局部相对集中，山崖体量相比美国西部要小很多，但形态更为多样，既有堡状方山，也有条带状的岩墙，还有孤峰和石柱，且崖壁形态浑圆。受软岩夹层风化凹进的影响，崖壁上普遍发育水平岩槽，部分崖壁受坡面水流影响，还形成平行分布的纵向沟槽；受盐风化等作用影响，很多丹霞崖壁或洞穴内还发育有蜂窝状洞穴。在崖壁的颜色外观方面，中国东南部丹霞崖壁大多呈红褐色，且表面普遍有生物附着，但岩体缺乏后期的颜色变异过程。

5.3　小　结

美国西部是世界中生代红层的主要分布区，它们集中出露于科罗拉多高原及其边缘的山前/山间断陷或拗陷盆地，形成年代以三叠纪和侏罗纪为主。红层堆积的构造环境为大型弧后盆地，受海侵海退影响，红层沉积环境复杂多变，以陆相为主，尤以风沙沉积最为典型，同时兼具少数滨-浅海相和海陆过渡相沉积。

美国西部红层岩性以细砂岩、粉砂岩和泥岩为主，很少有砾岩等粗碎屑堆积。其中，广泛分布于科罗拉多高原并形成红色崖壁的主要是早-中侏罗世纳瓦霍（Navajo）组砂岩。它由纯度很高的中-细粒石英砂岩组成，颗粒均一，分选性好，是世界上最大规模的风沙沉积，具大型板状交错层理。由于后期的地质化学“漂白”作用，纳瓦霍（Navajo）组砂岩崖壁的颜色出现变异。崖壁上部岩石颗粒结构松散，铁质胶结物很少，呈白色外观；中下部岩体以铁质胶结为主，岩石结构致密，呈红色外观。

美国西部红层发育的地貌类型相对单一，总体上以高原-峡谷景观为主，在部分构造复杂的高原边缘地区或山前/山间盆地，地貌形态相对多样。地貌发育的主导外营力为强烈的流水下切，发育众多峡谷和巷谷。崖壁上很少有水平岩槽和纵向沟槽发育，但在崖壁底部由于地下水对下伏胶结物岩层的侵蚀，也可以使上覆崖壁崩塌形成额状洞穴。化学风化作用不强烈，但冻胀风化等物理风化过程较显著，崖壁边缘棱角尖锐。

美国西部红层地貌和中国东南部丹霞地貌都是发育在红层基础上的侵蚀地貌，都经历了盆地形成—红层堆积—构造抬升—外力塑造这一基本的地质作用过程。但受控于区域地质构造、物质基础及主导外营力等因素的差异，两地具体的地貌景观特征并不完全一致。

参考文献

陈安泽. 2007. 丹霞地貌若干问题讨论. 经济地理，27（增刊）：10-15.

陈国达. 1938. 中国东南部红色岩层之划分. 中国地质学会志，18（3-4）：301-324.

陈国达，刘浑泗. 1939. 江西贡水流域地质. 江西地质汇刊，2：1-64.

陈建庚，许丽君，邓宝昆，等. 1999. 贵州习水自然保护区丹霞地貌的发育及生态旅游开发. 经济地理，19：45-51.

陈姝，朱诚，彭华，等. 2010. 广东丹霞山洞穴景观岩体稳定性的抗压试验研究. 安徽师范大学学报（自然科学版），33（2）：170-174.

陈致均，黄可光，戴文昭. 1994. 甘肃丹霞地貌的分布. 经济地理，14（增刊）：159-166.

陈智，彭华，Vladimir G，等. 2015. 红层软岩夹层的物质组成与结构特征对其力学性质影响的定量研究——以崀山世界自然遗产地雷劈石为例. 中山大学学报（自然科学版），4：139-149.

邓美成，王光明. 1996. 崀山丹霞地貌风景的分析与评价. 经济地理，16（增刊）：4-20.

邓平，舒良树，肖旦红. 2002. 中国东南部晚中生代火成岩的基底探讨. 高校地质学报，8（2）：169-179.

傅昭仁，李紫金，郑大瑜. 1999. 湘赣边区 NNE 向走滑造山带构造发展样式. 地学前缘，6（4）：263-272.

郭福生，姜勇彪，胡中华，等. 2011. 龙虎山世界地质公园丹霞地貌成景系统特征及其演化. 山地学报，29（2）：195-201.

高善坤，竺国强，董传万，等. 2004. 丹霞地貌的坡地形态演化——以浙江新昌丹霞地貌为例. 热带地理，24（2）：131-135.

郝诒纯，苏德英，余静贤，等. 1986. 中国白垩系（中国地层 12）. 北京：地质出版社.

何隆华. 1995. 地理信息系统支持下的生态系统对酸沉降相对敏感性评价. 北京：中国地理信息系统协会首届年会.

胡世玲，邹海波，周新民. 1993. 安徽歙县堇青石花岗岩和江西德兴钠长花岗岩中白云母和青铝闪石的 40Ar/39Ar 年龄及其地质意义//李继亮. 中国东南大陆岩石圈结构与地质演化. 北京：冶金工业出版社：141-144.

黄进. 1982. 丹霞地貌坡面发育的一种基本方式. 热带地理，3（2）：107-134.

黄进. 1991. 中国丹霞地貌类型的初步研究. 热带地貌，增刊：69-81.

黄进. 1992. 中国丹霞地貌研究汇报. 热带地貌，增刊：1-36.

黄进. 1999. 中国丹霞地貌的分布. 经济地理，19（增刊）：31-35.

黄进. 2003. 丹霞地貌区地貌上升速度、地貌年龄、岩壁后退速度及侵蚀速度的测算. 经济地理，23（增刊）：28-38.

黄进. 2006. 丹霞地貌区地壳上升速率公式改进及其意义. 经济地理，26（增刊）：8-13.

黄进. 2010. 丹霞山地貌. 北京：科学出版社.

黄进，陈致均，黄可光. 1992a. 丹霞地貌的定义及分类. 热带地貌，增刊：37-39.
黄可光，陈致均，等. 1992b. 陇中盆地西部丹霞地貌的特征及旅游意义. 热带地貌，增刊：184-188.
江西省地质矿产局. 1984. 江西省区域地质志. 北京：地质出版社.
江西省地质矿产勘查开发局. 2017. 中国区域地质志：江西志. 北京：地质出版社.
江西省国土资源厅. 2007. 龙虎山申报地质公园材料. 内部资料.
姜勇彪. 2010. 江西信江盆地丹霞地貌研究. 成都理工大学博士学位论文.
姜勇彪，郭福生，刘林清. 2006. 龙虎山丹霞地貌区河流阶地地貌面的热释光测年研究. 东华理工大学学报（自然科学版），3：225-228.
姜勇彪，郭福生，刘林清，等. 2011. 江西信江盆地丹霞地貌形成机制分析. 热带地理，31（2）：146-152.
李见贤，黄进. 1961. 广东省的地貌类型. 中山大学学报，（4）：70-81.
梁百和，朱素琳，陈国能. 1992. 粤北金鸡岭丹霞地貌的岩石学分析. 热带地理，12（2）：133-140.
梁诗经，文斐成，陈斯顿. 2007. 福建泰宁丹霞地貌中的洞穴类型及成因浅析. 福建地质，（3）：296-307.
凌联海. 1996. 江西省白垩纪茅店组，河口组及塘边组的建立. 江西地质科技，23（2）：55-59.
刘尚仁，刘瑞华. 2003. 丹霞地貌概念探讨. 山地学报，21（6）：669-674.
罗成德. 1994. 四川盆地西部的丹霞地貌旅游资源. 经济地理，14（增刊）：152-158.
罗成德. 1996. 四川盆地丹霞地貌旅游资源. 经济地理，16（增刊）：170-176.
吕少伟，李晓勇. 2012. 江西龙虎山地质公园丹霞地貌类型及发育模式. 地球科学前沿，（2）：74-80.
吕文，朱诚，彭华，等. 2009. 浙江江山市江郎山岩石岩性特征及其对丹霞地貌形成的影响. 矿物岩石地球化学通报，28（4）：349-355.
欧阳杰，朱诚，彭华，等. 2011. 湖南崀山丹霞地貌岩体抗酸侵蚀脆弱性的实验研究. 地球科学进展，26（9）：965-970.
潘志新，彭华. 2015. 国内外红层分布及其地貌发育对比研究. 地理科学，35（12）：1575-1584.
彭华. 2000. 中国丹霞地貌研究进展. 地理科学，20（3）：203-211.
彭华. 2002. 丹霞地貌分类系统研究. 经济地理，22（增刊）：28-35.
彭华. 2009. 丹霞地貌的概念、研究历史和存在问题. 韶关：第一届丹霞地貌国际学术研讨会.
彭华. 2011. 中国南方湿润区红层地貌及相关问题探讨. 地理研究，30（10）：1739-1752.
彭华. 2012. 丹霞地貌基本理论问题回顾与讨论. 韶关：第二届丹霞地貌国际学术讨论会.
彭华，吴志才. 2003. 关于红层特点及分布规律的初步探讨. 中山大学学报（自然科学版），42（5）：109-113.
彭华，侯荣丰，潘志新，等. 2012. 走向世界的丹霞地貌学术盛会：国际地貌学家协会丹霞地貌工作组第一次会议暨第二届丹霞地貌国际学术讨论会在韶关成功召开. 地理学报，67（1）：134-139.
彭华，潘志新，闫罗彬，等. 2013. 国内外红层与丹霞地貌研究述评. 地理学报，68（9）：1170-1181.
彭华，邱卓炜，潘志新. 2014. 丹霞山顺层洞穴风化特征的试验研究. 地理科学，34（4）：454-463.
齐德利，于蓉，张忍顺，等. 2005. 中国丹霞地貌空间格局. 地理学报，60（1）：41-52.
汤国安. 2010. 数字高程模型教程. 第三版. 北京：科学出版社.
巫建华. 1994. 赣东北白垩纪沉积相及其构造意义. 华东地质学院学报，（4）：313-319.

吴尚时，曾昭璇. 1946. 粤北之红层（The Red Beds in north Kwangtung）. 岭南学报专号：12-20.
谢爱珍. 2001. 信江盆地晚白垩世沉积体系特征与圭峰群地层划分的讨论. 华东地质学院学报，（1）：7-12.
熊孝波，桂国庆，贾燕翔，等. 2008. 江西省地震工程地质现状与防灾展望——兼谈汶川地震对江西的启示. 国际地震动态，11：101.
徐瑞麟. 1937. 广东北江地层之研究. 地质论评，（4）2：361-376.
杨颖瑜. 1993. 关于丹霞地貌与丹霞旅游地貌定义的研究. 旅游学刊，（5）：48-51.
鹰潭市人民政府. 2009. 龙虎山风景名胜区. 龙虎山申报自然遗产文本. 内部资料.
余心起，舒良树，邓平，等. 2003. 中国东南部侏罗纪—第三纪陆相地层沉积特征. 地层学杂志，29（3）：254-263.
曾昭璇. 1943. 仁化南部厚层红色砂岩区域地形之初步探讨. 国立中山大学地理集刊，（12）：19-24.
曾昭璇. 1960. 岩石地形学. 北京：地质出版社.
曾昭璇，黄少敏. 1978. 中国东南部红层地貌. 华南师范学院学报（自然科学版），（1）：56-73.
曾昭璇，黄少敏. 1980. 红层地貌与花岗岩地貌. 北京：科学出版社.
周学军. 2003. 中国丹霞地貌的南北差异及其旅游价值. 山地学报，21（2）：180-186.
朱诚，彭华，李中轩，等. 2009. 浙江江郎山丹霞地貌发育的年代与成因. 地理学报，64（1）：21-32.
Beaumont C，Quinlan G M，Stockmal G S. 1993. The evolution of the Western Interior Basin：causes，consequences and unsolved problems. Evolution of the Western Interior Basin：Geological Association of Canada Special Paper，39：97-117.
Bennie J，Hill M O，Baxter R，et al. 2006. Influence of slope and aspect on long-term vegetation change in British chalk grasslands. Journal of Ecology，94（2）：355-368.
Beitler B，Chan M A，Parry W T. 2003. Bleaching of Jurassic Navajo Sandstone on Colorado Plateau Laramide highs：evidence of exhumed hydrocarbon supergiants? Geology，31（12）：1041-1044.
Biek R F，Willis G C，Hylland M D，et al. 2000. Geology of Zion National Park，Utah//Sprinkel D A，Chidsey T C，Anderson P B. Geology of Utah's Parks and Monuments. Utah Geological Association Publication，28：107-138.
Bishop M P，Shroder J F. 2000. Remote sensing and geomorphometric assessment of topographic complexity and erosion dynamics in the Nanga Parbat massif. Geological Society，London，Special Publications，170（1）：181-200.
Blakey R C，Middleton L T. 1983. Permian shoreline eolian complex in Central Arizona：Dune changes in response to cyclic sea level changes. Developments in Sedimentology，38：551-581.
Blakey R C，Gubitosa R. 1984. Controls of sandstone body geometry and architecture in the Chinle Formation（Upper Triassic），Colorado Plateau. Sedimentary Geology，38（1-4）：51-86.
Blakey R C，Peterson F，Kocurek G. 1988. Synthesis of late Paleozoic and Mesozoic eolian deposits of the Western Interior of the United States. Sedimentary Geology，56（1）：3-125.
Bown T M，Hasiotis S T，Genise J F，et al. 1997. Trace fossils of hymenoptera and other insects and paleoenvironments of the Claron Formation（Paleocene and Eocene），Southwestern Utah US. Geological Survey Bulletin，2153：41-58.

Brookfield M E. 1998. The evolution of the great river systems of Southern Asia during the Cenozoic India-Asia collision: rivers draining southwards. Geomorphology，22（3-4）：285-312.

Bull W B，McFadden L D. 1977. Tectonic geomorphology north and south of the Garlock fault，California. Geomorphology in Arid regions，115-138.

Burbank D W，Anderson R S. 2012. Tectonic Geomorphology（Second Edition）. Jersey City，USA：Wiley-Blackwell Publishing.

Chen G D. 1935. The Red Beds series of Guangdong Province. Acta Scientiarum Naturalium Universitatis Sunyatseni（Natural Science）Quarterly，6（4）.

Chen G D. 1938. On the subdivisions of the red beds of South-Eastern China. Bulletin of the Geological Society of China，18：301-324.

Chen G D，Liu H S. 1939. Geology of Gongshui valley，Jiangxi. Geological Assembly of Jiangxi，2：1-64.

Chen J，Foland K A，Xing F，et al. 1991. Magmatism along the southeast margin of the Yangtze block：Precambrian collision of the Yangtze and Cathaysia blocks of China. Geology，19：815-818.

Clemmense L B，Olsen H，Blakey R C. 1989. Erg-margin deposits in the Lower Jurassic Moenave Formation and Wingate Sandstone，southern Utah. Geological Society of America Bulletin，101（6）：759-773.

Congalton R G，Green K，2008. Assessing the accuracy of remotely sensed data：principles and practices. Boca Raton：CRC press.

Dai Y，Yu X，Zhang L，et al. 2014. Geology，isotopes and geochronology of the Caijiaping Pb-Zn deposit in the North Wuyi area，South China：implications for petrogenesis and metallogenesis. Ore Geology Reviews，57：116-131.

Davis W M. 1899. The geographical cycle. Geographical Journal，14：481-504.

Deng J，Mo X，Zhao H，et al. 1997. Geotectonic units of China continent on a lithospheric scale since Cenozoic. Earth Sciences：Journal of China University of Geosciences，22：227-232.

Desmet P J J，Govers G. 1995. GIS-based simulation of erosion and deposition patterns in an agricultural landscape：a comparison of model results with soil map information. Catena，25（1）：389-401.

Dietrich W E，Wilson C J，Montgomery D R，et al. 1993. Analysis of erosion thresholds，channel networks，and landscape morphology using a digital terrain model. The Journal of Geology，101（2）：259-278.

Drury S A. 1987. Image interpretation in geology. London：Allen and Unwin.

Duffield J A. 1985. Depositional environments of the Hermit Formation，Central Arizona. Flagstaff：Master Dissertation of Northern Arizona University.

Ehlen J，Wohl E. 2002. Joints and Landform Evolution in Bedrock Canyons. Transactions，23（2）：237-255.

English J M，Johnston S T. 2004. The laramide orogeny：what were the driving forces? International Geology Review，46（9）：833-838.

Evans I S. 2012. Geomorphometry and landform mapping：what is a landform? Geomorphology，

137（1），94-106.
Florinsky I V. 1998. Accuracy of local topographic variables derived from digital elevation models. International Journal of Geographical Information Science，12（1）：47-62.
Font M，Amorese D，Lagarde J L. 2010. DEM and GIS analysis of the stream gradient index to evaluate effects of tectonics：The Normandy intraplate area（NW France）. Geomorphology，119（3）：172-180.
Fossen H，Schultz R A，Torabi A. 2011. Conditions and implications for compaction band formation in the Navajo Sandstone，Utah. Journal of Structural Geology，33（10）：1477-1490.
French H M. 1996. The periglacial environment. Harlow，UK：Longman.
Giles P T. 1998. Geomorphological signatures：classification of aggregated slope unit objects from digital elevation and remote sensing data. Earth Surface Processes and Landforms，23：581-594.
Guo F. 1998. Meso-Cenozoic Nanhua（South China）orogenic belt-subaerial tridirectional orogen. Acta Geologica Sinica，72（1）：25-33.
Gupta R P. 2003. Remote sensing geology. Berlin，Heidelberg：Springer.
Hack J T. 1973. Stream profile analysis and stream gradient index. Journal of Research of the U.S. Geological Survey，1（4）：421-429.
Hobbs W H. 1904. Lineaments of the Atlantic border region. Geological Society of America Bulletin，15：483-506.
Hobbs W H. 1912. Earth features and their meaning. New York：Macmillan Company.
Horton R E. 1932. Drainage-basin characteristics. Transactions-American Geophysical Union，13：350-361.
Huang F，Wang D，Santosh M，et al. 2014. Genesis of the Yuanlingzhai porphyry molybdenum deposit，Jiangxi province，South China：constraints from petrochemistry and geochronology. Journal of Asian Earth Sciences，79：759-776.
Huang G，Guan T，Yu D，et al. 1993. The study of structures in Hongmen ductile shear zone in Nancheng County. Journal of East China Institute of Technology（Natural Science Edition），4：8.
Jackson J，Norris R，Youngson J. 1996. The structural evolution of active fault and fold systems in central Otago，New Zealand：evidence revealed by drainage patterns. Journal of Structural Geology，18（2）：217-234.
Jiang X，Pan Z，Xu J，et al. 2008. Late Cretaceous aeolian dunes and reconstruction of palaeo-wind belts of the Xinjiang Basin，Jiangxi Province. China Palaeogeography，257：58-66.
Jordan G. 2003. Morphometric analysis and tectonic interpretation of digital terrain data：a case study. Earth Surface Processes and Landforms，28（8）：807-822.
Jordan G，Csillag G. 2001. Digital terrain modelling for morphotectonic analysis：a GIS framework// Ohmori H. DEMS and Geomorphology. Special Publication of the Geographic Information Systems Association，vol. 1. Tokyo：Nihon University：60-61.
Jordan G，Csillag G，Szucs A，et al. 2003. Application of digital terrain modelling and GIS methods for the morphotectonic investigation of the Kali Basin，Hungary. Zeitschrift fur Geomorphologie，47：145-169.
Jordan O D，Mountney N P. 2010. Styles of interaction between aeolian，fluvial and shallow marine

environments in the Pennsylvanian to Permian lower Cutler beds，southeast Utah，USA. Sedimentology，57（5）：1357-1385.

Juhari M A，Ibrahim A. 1997. Geological applications of Landsat thematic mapper imagery：mapping and analysis of lineaments in NW peninsula malaysia ACRS. http://www.gisdevelopment.com.

Kadota T，Takagi M. 2002. Acquisition Method of Ground Control Points For High-Resolution Satellite Imagery，Kathmandu：The 23rd Asian Conference on Remote Sensing.

Kardoulas N G，Bird A C，Lawan A I. 1996. Geometric correction of SPOT and Landsat imagery：a comparison of map-and GPS-derived control points. Photogrammetric Engineering and Remote Sensing，62（10）：1173-1177.

Keller E A，Pinter N. 1996. Active Tectonics：Earthquakes，Uplift，and Landforms. New Jersey：Prentice Hall.

Keller E A，Pinter N. 2002. Active Tectonics：Earthquakes，Uplift，and Landscape. New Jersey：Prentice Hall.

Kirkby M J. 1990. The landscape viewed through models. Zeitschrift fur Geomorphologie，Sup plementary Band，79：63-81.

Kirkby M J，Chorley R J. 1967. Throughflow，overland flow and erosion. Hydrological Sciences Journal，12（3）：5-21.

Klaus K E，Neuendorf J P，Mehl J，et al. 2005. Glossary of Geology. Alexandria：American Geological Institute.

Koch M，Mathar P M. 1997. Lineament mapping for groundwater resource assessment：a comparison of digital Synthetic Aperture Radar（SAR）imagery and stereoscopic Large Format Camera（LFC）photographs in the Red Sea Hills，Sudan. International Journal of Remote Sensing 27，4471-4493.

Langbein W B. 1947. Topographic characteristics of drainage basins. US Government Printing Office.

Leopold L B，Wolman M G，Miller J P. 2012. Fluvial processes in geomorphology. Courier Dover Publications.

Li J W，Zhou M F，Li X F，et al. 2001. The Hunan-Jiangxi strike-slip fault system in southern China：southern termination of the Tan-Lu fault. Journal of Geodynamics，32（3）：333-354.

Li Z，Muller J P，Cross P，et al. 2005. Interferometric Synthetic Aperture Radar（InSAR）atmospheric correction：GPS，moderate resolution imaging spectroradiometer（MODIS），and InSAR integration. Journal of Geophysical Research—Solid Earth，110：B03410.

Lifton N A，Chase C G. 1992. Tectonic，climatic and lithologic influences on landscape fractal dimension and hypsometry：implications for landscape evolution in the San Gabriel Mountains，California. Geomorphology，5：77-114.

Lin L H. 1996. The establishment of the Cretaceous Maodian Formation，Hekou Formation and Tangbian Formation in Jiangxi Province. Geological Science and Technology of Jiangxi，23（2）：55-59.

Liu H，Zhong Z，Yao M. 1989. On the tectono-palaeogeography and terrane evolution of southwest China（Guangxi，Guizhou，Yunnan，Sichuan）from late Palaeozoic to Triassic. Journal of Southeast Asian Earth Sciences，3（1）：223-229.

Ma X，Wu D. 1987. Cenozoic extensional tectonics in China. Tectonophysics，133：243-255.

Millaresis G C，Argialas D P. 2000. Extraction and delineation of alluvial fans from digital elevation models and Landsat Thematic Mapper images. Photogrammetric Engineering and Remote Sensing，66：1093-1101.

Moore I D，Grayson R B，Ladson A R. 1991. Digital terrain modelling：a review of hydrological，geomorphological，and biological applications. Hydrological processes，5（1）：3-30.

Morris T H，Ritter S M，Laycock D P. 2010. Geology unfolded：an Illustrated Guide to the Geology of Utah's National Parks. Provo：Brigham Young University Press.

Ohmori H. 1993. Changes in the hypsometric curve through mountain building resulting from concurrent tectonics and denudation. Geomorphology，8：263-277.

Panek T. 2004. The use of Morphometric parameters in tectonic geomorphology（on the example of the Western Beskydy Mts）. Geographica，1：111-126.

Perez-Peña J V，Azañón J M，Azor A，et al. 2009. Spatial analysis of stream power using GIS：SLk anomaly maps. Earth Surface Processes and Landforms，34：16-25.

Petit F. 1987. The relationship between shear stress and the shaping of the bed of a pebble-load river（la Rulles–Ardenne）. Catena，14：453-468.

Pike R J. 1995. Geomorphometry-progress，practice，and prospect. Zeitschrift für Geomorphologie（ZfG），Supplement Issues，101：221-238.

Pike R J. 2000. Geomorphometry-diversity in quantitative surface analysis. Progress in Physical Geography，24（1）：1-20.

Pike R J，Wilson S E. 1971，Elevation-relief ratio，hypsometric integral and geomorphic area-altitude analysis，Geological Society of America Bulletin，82：1079-1084.

Pirajno F，Bagas L. 2002. Gold and silver metallogeny of the South China Fold Belt：a consequence of multiple mineralizing events？Ore Geology Reviews，20（3）：109-126.

Prost G L. 1994. Remote sensing in a mature basin：Cottonwood Creek Field，Bighorn Basin Wyoming. Lancing：Environmental Research Institute of Michigan.

Quartau R，Trenhaile A S，Mitchell N C，et al. 2010. Development of volcanic insular shelves：insights from observations and modelling of Faial Island in the Azores Archipelago. Marine Geology，275（1）：66-83.

Rahiman T I H，Pettinga J R. 2008. Analysis of lineaments and their relationship to Neogene fracturing，SE Viti Levu，Fiji. Geological Society of America，120（11）：1544-1555.

Ren F. 2014. GIS and field based investigations on the controlling factors for the formation of Danxia landform，Longhushan，China. Saint Louis：Saint Louis University.

Ren F，Simonson L，Pan Z. 2013. Interpretation of geoheritage for geotourism——a comparison of Chinese geoparks and national parks in the United States. Czech Journal of Tourism，2（2）：105-125.

Ren J，Tamaki K，Li S，et al. 2002. Late Mesozoic and Cenozoic rifting and its dynamic setting in Eastern China and adjacent areas. Tectonophysics，344：175-205.

Rice D D，Shurr G W. 1983. Patterns of sedimentation and paleogeography across the Western Interior Seaway during time of deposition of Upper Cretaceous Eagle Sandstone and equivalent roks，northern Great Plains//Reynolds M W，Dolly E D. Mesozoic Paleogeography of the West-Central United States：Rocky Mountain Section，SEPM：337-358.

Richards J P. 2000. Lineaments Revisited. SEG newsletter，42：14-21.

Ritter D F，Kochel R C，Miller I R. 2002. Process Geomorphology. Boston：McGraw Hill.

Robinson D A，Williams R B G. 1994. Sandstone weathering and landforms in Britain and Europe//Robinson D A，Williams R B G. Rock Weathering and Landform Evolution. Chichester：John Wiley and Sons：371-391.

Rodriguez-Navarro C，Doehne E，Sebastian E. 1999. Origins of honeycomb weathering：the role of salts and winds. Geological Society of America Bulletin，111（8）：1250-1255.

Roger C M，Myers D A，Engelder T. 2004. Kinematic implications of joint zones and isolated joints in the Navajo Sandstone at Zion National Park，Utah：evidence for cordilleran relaxation. Tectonics，23（1）：1-16.

Sabins F. 1997. Remote Sensing：Principles and Interpretation，2nd. New York：Freeman.

Seeber L，Gornitz V. 1983. River profiles along the Himalayan Arc as indicators of active tectonics. Tectonophysics，92：335-367.

Schmidt J，Dikau R. 1999. Extracting geomorphometric attributes and objects from digital elevation models—semantics，methods，future needs. GIS for earth surface systems：153-174.

Schuster C，Förster M，Kleinschmit B. 2012. Testing the red edge channel for improving land-use classifications based on high-resolution multi-spectral satellite data. International Journal of Remote Sensing，33（17）：5583-5599.

Schweickert R A，Bogen N L，Girty G H，et al. 1984. Timing and structural expression of the Nevadan orogeny，Sierra Nevada，California. Geological Society of America Bulletin，95（8）：967-979.

Shu L，Charvet J. 1996. Kinematics and geochronology of the Proterozoic Dongxiang-Shexian ductile shear zone：with HP metamorphism and ophiolitic melange（Jiangnan Region，South China）. Tectonophysics，267：291-302.

Silva P G，Goy J L，Zazo C，et al. 2003. Fault generated mountain fronts in southeast Spain：geomorphologic assessment of tectonic and seismic activity. Geomorphology，50：203-225.

Singh N. 1990. Geomorphology of Himalayan rivers：a case study of Tawi basin. Jammu Tawi：Jay Kay Book House.

Smith M J，Pain C F. 2009. Applications of remote sensing in geomorphology. Progress in Physical Geography，33（4）：568-582.

Solomon S，Ghebreab W. 2006. Lineament characterization and their tectonic significance using Landsat TM data and field studies in the central highlands of Eritrea. Journal of African Earth Sciences，46：371-378.

Strahler A N. 1952. Hypsometric（area-altitude）analysis of erosional topography. Geological Society of America Bulletin，63（11）：1117-1142.

Strahler A N. 1964. Quantitative geomorphology of drainage basin and channel networks. Handbook of applied hydrology//Chow V T. Handbook of Applied Hydrology. New York：McGraw-Hill.

Sung Q C，Chen Y C. 2004. Self-affinity dimensions of topography and its implications in morphotectonics：an example from Taiwan. Geomorphology，62：181-198.

Surdam R C，Jiao Z S，MacGowan D B. 1993. Redox reactions involving hydrocarbons and mineral oxidants：a mechanism for significant porosity enhancement in sandstones. American Association of Petroleum Geologists Bulletin，77（9）：1509-1518.

Sweet D E，Soreghan G S. 2010. Late paleozoic tectonics and paleogeography of the ancestral front range：structural，stratigraphic，and sedimentologic evidence from the fountain formation（Manitou Springs，Colorado）. Geological Society of America Bulletin，122（3/4）：575-594.

Sylvester A G. 1988. Strike-slip faults. Geological Society of America Bulletin，100（11）：1666-1703.

Tachikawa T，Hato M，Kaku M，et al. 2011. Characteristics of ASTER GDEM version 2. Vancouver，BC，Canada：2011 IEEE International Geoscience and Remote Sensing Symposium.

Tian Z Y，Han P，Xu K D. 1992. The Mesozoic-Cenozoic east China rift system. Tectonophysics，208（1）：341-363.

Toutin T. 2011. ASTER stereoscopic data and digital elevation models//Ramachandran B，Justice C，Abrams M. Land Remote Sensing and Global Environmental Change. New York：Springer.

Troiani F，Della Seta M. 2008. The use of the Stream Length–Gradient index in morphotectonic analysis of small catchments：a case study from Central Italy. Geomorphology，102（1）：159-168.

Tucker G E，Catani F，Rinaldo A，et al. 2001. Statistical analysis of drainage density from digital terrain data. Geomorphology，36：187-202.

Van Houten F B. 1968. Iron oxides in red beds. Geological Society of America Bulletin，79（4）：399-416.

Van Houten F B. 2003. Origin of red beds a review：1961-1972. Annual Review of Earth & Planetary Sciences，1（1）：39-61.

Walcott R C，Summerfield M A. 2008. Scale dependence of hypsometric integrals：an analysis of Southeast African basins. Geomorphology，96（1）：174-186.

Walker T R. 1967. Formation of red beds in modern and ancient deserts. Geological Society of America Bulletin，78（3）：353-368.

Walker T R，Larson E E，Hoblitt R P. 1981. Nature and origin of hematite in the Moenkopi Formation（Triassic），Colorado Plateau：a contribution to the origin of magnetism in red beds. Journal of Geophysical Research Solid Earth，86（B1）：317-333.

Walsh S J，Butler D R，Malanson G P. 1998. An overview of scale，pattern，process relationships in geomorphology：a remote sensing and GIS perspective. Geomorphology，21（3）：183-205.

Wang D，Shu L. 2012. Late Mesozoic basin and range tectonics and related magmatism in Southeast China. Geoscience Frontiers，3（2）：109-124.

Wang Y J，Fan W M，Zhang G W，et al. 2013. Phanerozoic tectonics of the South China Block：key observations and controversies. Gondwana Research，23（4）：1273-1305.

Wang Z H，Lu H F. 1997. Evidence and dynamics for the change of strike-slip direction of the Changle-Nanao ductile shear zone，Southeastern China. Journal of Asian Earth Sciences，15（6）：507-515.

Weissel J K，Pratson L F，Malinverno A. 1994. The length-scaling properties of topography. Journal of Geophysical Research：Solid Earth（1978-2012），99（B7）：13997-14012.

Welch R，Jordan T，Lang H，et al. 1998. ASTER as a source for topographic data in the late 1990s.

IEEE Transactions on Geoscience and Remote Sensing，36（4）：1282-1289.

Wise D U. 1969. Regional and sub-continental sized fracture systems detectable by topographic shadow techniques. Research in Tectonics，52-68：175-199.

Wise D U，Funiciello R，Parotto M，et al. 1985. Topographic lineament swarms：clues to their origin from domain analysis of Italy. Geological Society of America Bulletin，96（7）：952-967.

Woodall R. 1993. The multidisciplinary team approach to successful mineral exploration. Society of Economic Geologists Newsletter，（14）：1-6.

Woodall R. 1994. Empiricism and concept in successful mineral exploration. Australian Journal of Earth Sciences，41（1）：1-10.

Wray R A L. 1997. A global review of solutional weathering forms on quartz sandstones. Earth-Science Reviews，42（3）：137-160.

Wright E K. 1987. Stratification and paleocirculation of the late cretaceous western interior seaway of North America. Geological Society of America Bulletin，99（4）：480-490.

Wu G. 2005. The Yanshanian Orogeny and two kinds of Yanshanides in Eastern-Central China. Acta Geologica Sinica，79（4）：507-518.

Xiao W，He H. 2005. Early Mesozoic thrust tectonics of the northwest Zhejiang region（Southeast China）. Geological Society of America Bulletin，117（7-8）：945-961.

Ye Y，Shimazaki H，Shimizu M，et al. 1998. Tectono–magmatic evolution and metallogenesis along the Northeast Jiangxi Deep Fault China. Resource Geology，48（1）：43-50.

Young R W. 1986. Tower karst in sandstone：bungle bungle massif，Northwestern Australia. Zeitschrift für Geomorphologie，30（2）：189-202.

Young R W. 1988. Quartz etching and sandstone karst：examples from the East Kimberleys，Northwestern Australia. Zeitschrift für Geomorphologie，32（4）：409-423.

Young R，Young A. 1992. Sandstone Landforms. Berlin，Heidelberg：Springer-Verlag.

Young R，Young W，Young A. 2009. Sandstone Landforms. London：Cambridge University Press.

Zakir F，Qari M，Mostfa M. 1999. A new optimizing technique for preparing lineament density maps，International Journal of Remote Sensing，20：1073-1085.

Zhang W，Hayakawa Y S，Oguchi T. 2011. DEM and GIS based morphometric and topographic-profile analyses of Danxia landforms. Geomorphometry Organization：121-124.

Zhang W，Oguchi T，Hayakawa Y S，et al. 2013. Morphometric analyses of danxia landforms in relation to bedrock geology：a case of Mt. Danxia，Guangdong Province，China. Open Geology Journal，7：54-62.

Zhang Z J，Xu T，Zhao B，et al. 2012. Systematic variations in seismic velocity and reflection in the crust of Cathaysia：new constraints on intraplate orogeny in the South China continent，Gondwana Research. http://dx.doi.org/10.1016/j.gr.2012.05.018.

Zhao G，Cawood P A. 1999. Tectonothermal evolution of the Mayuan Assemblage in the Cathaysia Block；implications for Neoproterozoic collision-related assembly of the South China Craton. American Journal of Science，299（4）：309-339.

Zhu C，Peng H，Ouyang J，et al. 2010. Rock resistance and the development of horizontal grooves on Danxia slopes. Geomorphology，123（1-2）：84-96.

附　　录

彩　　图

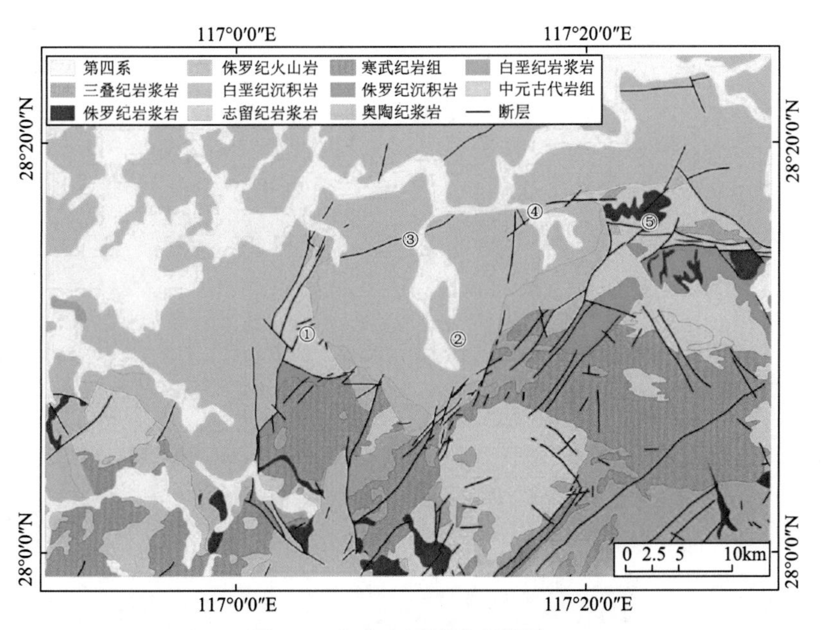

图 1-9　龙虎山区域地质简图

根据龙虎山世界地质公园地质图修改。①北北东向；②北东东向；③北东向；④近东西向；⑤北西向

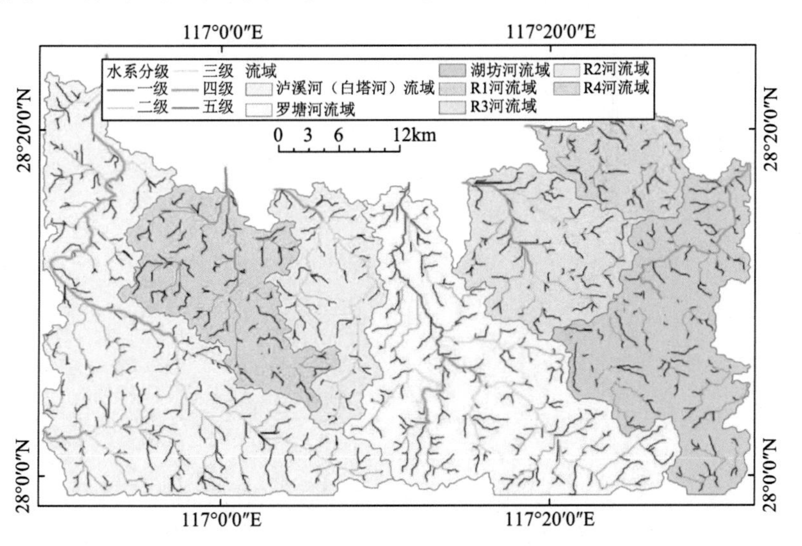

图 4-8　龙虎山区域主要支流水系分级图（Strahler 法）

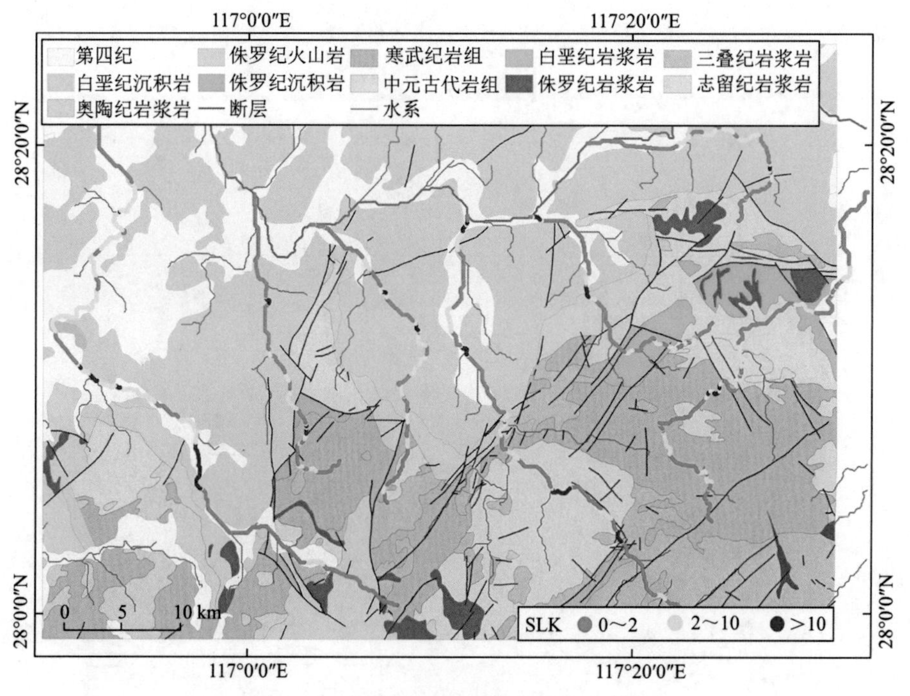

图 4-21　标准化河长坡降指标值分布图

图中的编号为计算裂点

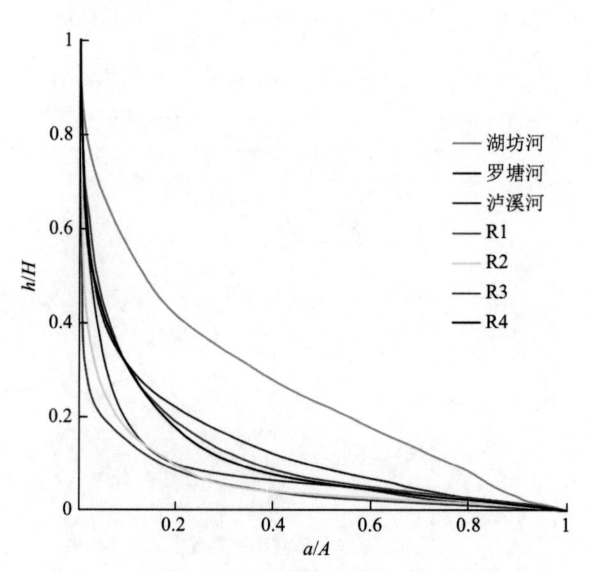

图 4-23　龙虎山区域主要流域面积-高程积分曲线

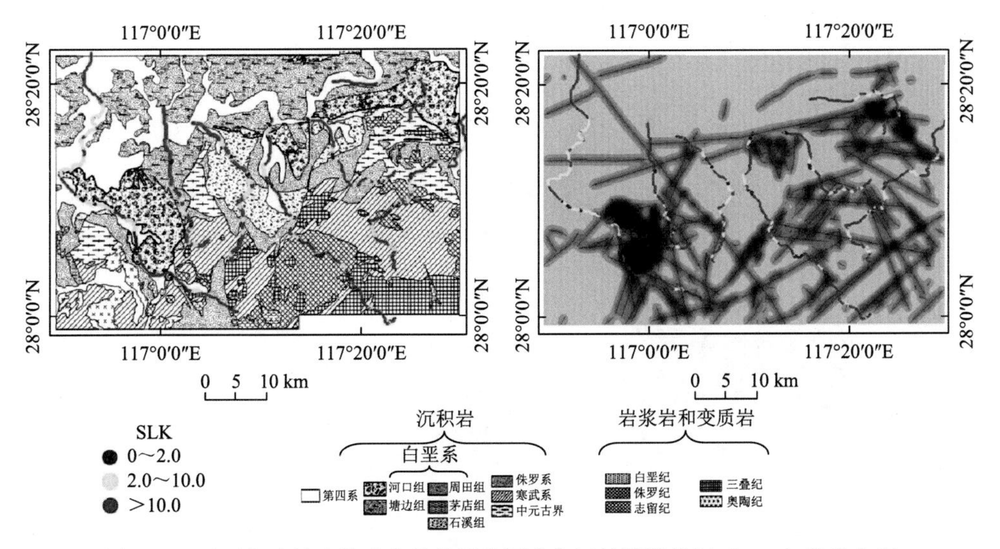

图 4-25　显示与岩性和构造有关的异常标准化河长坡降指标（SLK）值分布图

（a）7 条河流标准化河长坡降指标（SLK）异常覆盖的岩性图，显示了标准化河长坡降指标（SLK）异常分布与岩性边界的关系。（b）叠加在断层和构造裂缝密度图上的河流标准化河长坡降指标（SLK）异常，推断标准化河长坡降指标（SLK）异常分布与构造有关

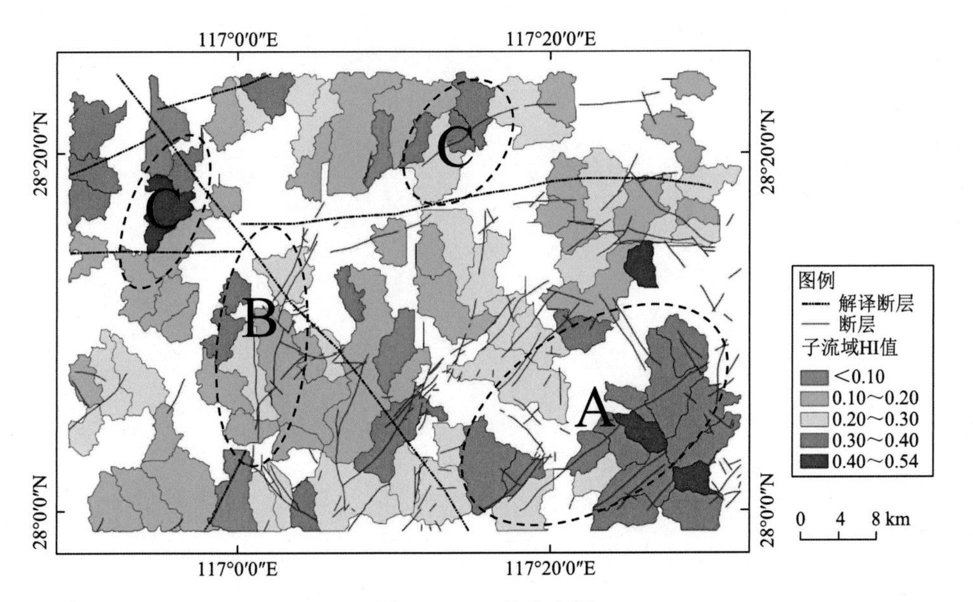

图 4-28　HI 值分布图

虚线图形为分析对比区域

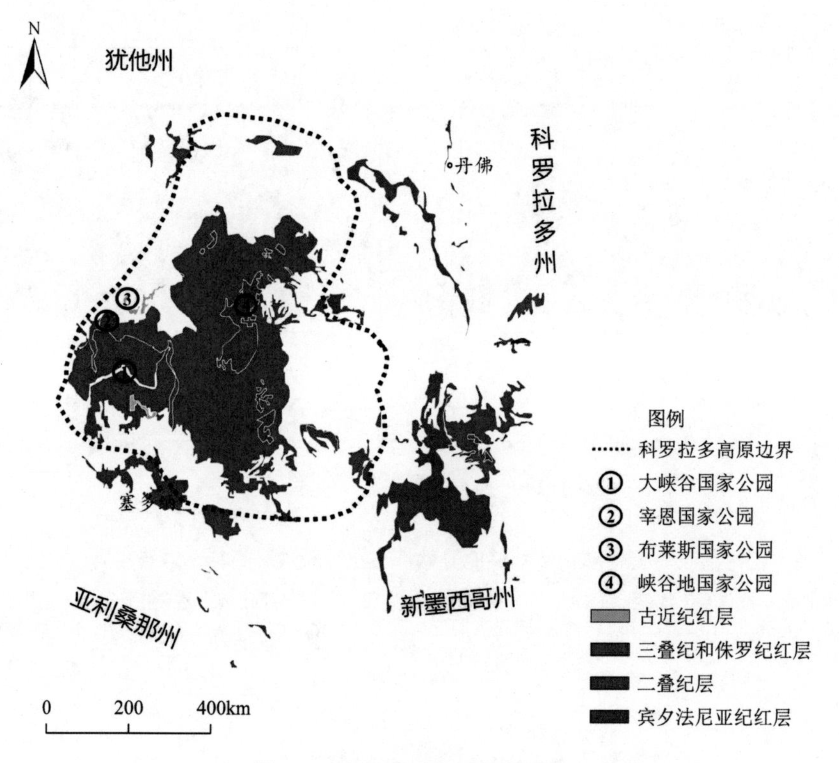

图 5-1　美国西部红层分布简图